博物之旅

发现最美的昆虫

〔德〕梅里安　〔法〕法布尔等　著

薛晓源　主编

朱艳辉等　译

商务印书馆
The Commercial Press

2017 年·北京

目　录

小猎犬号行驶在狭窄的麦哲伦海峡

［序一］天地有大美而不言

刘华杰（北京大学哲学系教授）

雪片晃动着斜插在车灯的光影中。早晨六点四十分，天还没亮，我提着行李在育新花园北门费劲地认出预订的出租车，赶往机场。这是 2015 年深秋之后第一场雪，准确说是雨夹雪。北京的雪美极了。每次下雪，对北京市民来说就如节日到来一般，许多人孩子似的要摸一把雪，要在雪上踩几个脚印儿，在数字化弥漫世界之际也会不停地用手机拍照。近些年北京下雪少之又少，远不如我读大学那会儿多。

雪有什么用，对远郊的农民当然意义重大，对闹市区的居民，则无实际用处。相反，下雪必堵车，出行因而颇费劲，但市民似乎能忍受，想必是对这稀少的雪的到来心存感激。感激什么？感激雪花让大家一起回到了童年，赤子之心毕现。

雪是美的，山是美的，鸟是美的，虫子是美的。按照一种新兴的环境美学观念，"自然全美"，即大自然无处不美。说全美，并不是讲其中没有丑的方面，而是强调，只要我们主体想发现美，就能在任何自然物中的各个层面、各个时间演进序列中找到美。若干人工物或许也有此特性，但比起大自然，要差得多。人工物因仓促而就（相比于自然演化而言），沉积的智慧与美丽就欠缺得多。人工物远不如自然物层次丰富、结构精致。

我们赞美大自然，并非认定自然美是纯客观的，完全归结于大自然本身。那是一种讲不通的老旧美学观。审美终究是在主体与客体组成的系统中完成的，那么美便是系统的一种特性，无法彻底还原为系统中某个部分。对于发现、欣赏自然美，主体与客体同样重要。在简化的意义上可以假定自然全美，而人类主体有为大自然立法，有赏评、把玩、开发甚至毁坏大自然的潜在能力。教化的目的是引导本能，导向符合环境伦理的可持续生存。

大自然的正常运行，是我们人类存续的必要条件，地球被视为盖娅（Gaia）即地母。地球这样的星球在整个宇宙中算不了什么，这个"暗淡蓝点"（可参见萨根的同名著作）完全可以忽略不计，但对于我们，它是唯一，它是全部。整个宇宙，是个界定不清的抽象概念；银河系、太阳系，小多了，但对绝大多数人依然是模糊的。大地，却是清晰可感的。须臾离开大地，我们就有不安全感。有人策划了"火星一号"之类可疑的星际移民计划，也有知名物理学家忽悠300年后地球人不得不移民太空。不管其中有多少高科技、有多少人相信，反正我不信。根据我对达尔文演化论的理解，放弃家园地球，移民太空，只是个神话，目前是，在相当长时间的未来也是。

为什么要格外看重达尔文的演化理论？因为它是一项重要的博物学（natural history）成就。博物学构成当今自然科学四大传统之一，是普通百姓千百年来实际依靠的基础性学问，是科技之外人们借以感受、了解、利用外部世界的一种不可替代的古老方式方法。博物学依然是一种独特的 way of knowing（致知方式）。近现代科学只有300来年的历史，而博物学的历史在千年万年的数量级之上。有位后现代者说"时间不是没有重量的"，仿此也可以说得怪异些："时间凝结着智慧。"民谚说"姜还是老的辣""不听老人言吃亏在眼前"。

时代、时尚都在变化。在尚小装嫩的年代，"倚老卖老"已不合时宜。如今博物学在科学界并不吃香，与主流科技相比，它是表面化、肤浅的象征，甚至有些孩子气。科学界的博物类科学在如今强调还原与力量的氛围下，也被日益边缘化。想在自然科学界为博物学争得空间、地位，难之又难，也不是我们的任务。

博物学过去、现在都不是自然科学的真子集，将来更是不可能。在当代科学日益抛弃博物学的现实面前，我们基于科学哲学、现象学、科学编史学、生态文明等多个角度的思考，义无反顾地选择了博物学，想把它恢复，想让百姓重新熟悉它、操练它。

博物学是什么？有什么本质？我们反对动不动就"本质主义"地理解某个概念。科学有什么本质？自古以来，科学一直在变化，不同地方的科学也有自己的一些特点，很难概括出几条不凡的、完全不变的本质来。博物学也如此。博物学更强调多样性，亚里士多德、特奥弗拉斯特、张华、约翰·雷、徐霞客、格斯纳、怀特、郑樵、华莱士、达尔文、迈尔、洛克、威尔逊的博物学有共性，差别也非常大。A. 威尔逊、E.H. 威尔逊、E.O. 威尔逊是同姓知名博物学家，所做的博物学也有巨大差异。其实过去博物学什么样，只有参考意义，学者可以不断研究、描写、建构。重要的是，博物学将来什么样？

博物学的未来取决于我们的信念和行动。博物学在相当长时间内，将延续传统，不断吸收人类各方面的成果（自然会包括来自科技界的成果），侧重于宏观层面感受、观察、记录、探究大自然，在个体与群体层面努力建立起与大自然的良好对话关系，求得天人系统的可持续生存。

普通百姓操作博物学，目的是什么？回答是："好在!"即好好活着，快乐、幸福、美美地活着，同时减少对大自然的伤害。

商务印书馆以出版"高大上"人文社科著作为广大读者所熟悉，如今又集合力量特别关注博物类图书的出版，这是十分喜人的动作。其实，出版博物类图书，在商务印书馆也有悠久的历史，只是后来一段时间内有所变化。现在馆内上下以坚定的决心出版引进和原创版博物学图书，对其他出版社也是一种示范、引领。

没有书，人们也能博物，但书的作用是显然的。中国当下博物学著作极为匮乏，既需要了解其他国家走过的道路、丰富的博物学文化而大规模引进域外作品，也亟需一批反映本土特征、适合本地人使用的博物学著作。"多识于鸟兽草木之名"是普通公民进入博物天地的不二法门。多识，可以打听、琢磨、亲自实践，借鉴他人的经验、成果也是必要的。

培养博物爱好，可能需要一天，也可能需要一世。通常急不得，"慢"在博物学中有着与"快"同等甚至更高的价值。"静为躁君"，暗示的便是可以慢慢来，长远看，慢变量支配快变量（哈肯协同学的术语）。

博物过程的收获，行动者自己最清楚，重要的是自己和自己比，没必要跟别人比。

"杨柳依依，雨雪霏霏"，是《诗经》中优美的句子，欣赏、体验它，需要心境、需要学习。此时，机场广播通知：因天气原因，航班延误。何时登机还不确定。

我得喝杯咖啡去。祝愿大家用好心情读商务的博物书，收获快乐！

2015 年 11 月 6 日于首都国际机场

[序二] 天边云锦谁采撷

——博物学的美学之旅

薛晓源（中央编译局研究员）

一、我的博物学著作收藏

我的博物学书籍收藏大约始于 10 年前。2005 年初夏，我在美国洛杉矶刚开完"马克思主义与生态文明"国际研讨会，就兴冲冲到纽约老书店去欣赏购买我向往已久的插图本旧书。我对图书持有一个基本的信念，就是真正的图书应是图文并茂，图与文的关系就像孔夫子所说的言与文的关系，"言而无文，行之不远"。在国外只要是遇到有插图的图书我就兴奋，要是遇到精美的插图版图书，我就要情不自禁去购买，哪怕是阮囊羞涩；要是遇到精美且中意的画册，更是像中了彩票一样，会令我狂喜不已。我妻子戏说我有"图像崇拜"的倾向，没办法，谁让天下万物之美聚集在图书之中了呢？我从德国留学归来，带了 10 箱书回来，算起来有 500 多册，基本上都是精美插图版图书。

当我在纽约旧书店快意畅游之时，一本奥杜邦的《北美的四足兽》映入眼帘。奥杜邦的绘画我神往已久，今日遇到真是名不虚传，书中动物种类奇特，很多动物闻所未闻，画面生动活泼，栩栩如生。久久沉浸其中，不知不觉，时光流逝一个多小时。直到书店老板操着悦耳的纽约腔，问我是否购买时，我才从"美的历程"中苏醒过来，快意付了账。抱着一大摞图书，幸福地走在川流不息的大街上，仿佛是捡了一个大漏，淘到了一块晶莹碧透的玉石。这是我第一本博物学著作的"藏品"。其后经常去国外开会和参加书展，只要有机会，我总是去旧书店淘书，尤其关注博物学图书。奥杜邦、古尔德、胡克、威尔逊渐渐耳熟能详，他们精美的作品和著作长久占据着我的书架，成为我在进行哲学运思和绘画创作之际，经常浏览和参考的佳作。

2012 年春节前夕，我到商务印书馆去购买现象学书籍，无意之间看到《发现之旅》，封面是大博物画家迪贝维尔绘制的绿色鹦鹉，神态逼真、毫发毕现、动姿绰约、栩栩如生；

贾丁编著《博物学家图书馆》之《鸽子卷》英文版扉页

里面插图更是俯拾皆是、精美异常。惊喜之下欣然购入，回途车上就迫不及待阅读了起来，在"美的历险"之中，恍然间发现这本书似曾相识。原来我曾经在国外买过这本书的英文版，只是装帧设计、开本及用纸与手中书有很大的差异。中文版出版者和设计者匠心独运，把一本铜版纸印制 8 开异形本画册，脱胎升级为纯质纸版、手感重量适中的"书感"极强的图书。这一成功改造的先例，使我意识到西方博物学 300 多年的历史向中国读者正式拉开了大幕。那些曾在王室宫廷、贵族富人之中争相传阅的精美的博物绘画也可以走向寻常百姓，真令人有"旧时王谢堂前燕，飞入寻常百姓家"之感叹！

此后不久，我去英国参加伦敦国际书展，抽时间参观了英国自然博物馆，不仅看到了无数的动植物标本，也看到神往已久的博物绘画，无数美的图像纷至沓来，真让人有"一日看尽长安花"的快感！最让我怦然心动的是，在伦敦一家著名旧书店中，我发现了心仪已久的英国鸟类学大师古尔德的代表作《新几内亚和邻近巴布亚群岛的鸟类》（*The Birds of New Guinea and the Adjacent Papuan Islands*）一书。虽是第一版的复制版，距离今天也有 60 年历史。店员殷勤地推销说，虽然是复制版，但是复制效果很好，基本上和原版一模一样，接近完美，价格是第一版的百分之一。我询问了价格，他说全套书（5 卷）需要 5000 英镑，约合人民币 5 万元。我仔细浏览这令我向往已久的宝贝书籍，它是对开本的画册，印制非常讲究，每只鸟都有详细的解说，每张图片的背后都空页，以免色彩渗透，效果受到影响。画册的纸张讲究且微微发黄。店员让我带上白手套慢慢仔细浏览。随着卷

胡克《喜马拉雅山的植物》英文版扉页

锦鳞游泳

册逐渐展开，我最为喜爱的天堂鸟向我展现出来，她靓丽的身姿、美丽得无以复加的羽毛，一下子就征服了我的心，我想我一定要拥有这一卷。经过艰难的讨价还价，店家终于同意以近千英镑的价格卖给我第一卷。这是我收藏的最为昂贵的博物学"文献"。这本书给我带来好运，我逐渐收集到许多第一版的博物绘画作品，逐渐认识了国内外博物学的"藏家"和一些博物学家，经过和他们有益的互动，我的博物绘画藏品成倍增加，目前我拥有 3000 多册的插图本著作（当然大多数是高质量的电子版），图片达几十万余张。

二、西方博物绘画的美学风格

德国现象学大师胡塞尔认为，人类认知的苏醒有两种方式，一是科学认知方式的苏醒，二是哲学认知方式的苏醒。我认为在一个人的认知历史上，从皮亚杰的发生认识论角度讲，存在一个美学认知的"苏醒"，这和克尔凯郭尔所说的人生三历程相契合。他说人一生可能要经过三个阶段：美学阶段、伦理阶段和宗教阶段。我概括为：科学的苏醒、哲学的苏醒和美学的苏醒。综合中西方有关研究，我认为，从一般的意义而言，一个人从 15 岁到 30 岁（大致上），对所在的世界和物质有强烈的求知欲，所学的知识和所解释的范式都标画为明显的科学特征，这一阶段认知我称之为科学的苏醒；从 30 岁到 50 岁，人的感觉日渐丰富而细腻，学会了认知、感受和欣赏美的事物，人的体力、智力和丰富的阅历呈现感性的风格，对活生生的东西充满非凡的感受力，人的认知方式标画为丰富的感性特征，我们称之为美学的苏醒；孔夫子说，五十知天命，50 岁之后，人们开始对历史和社会背后的原因感兴趣，并尝试进行解释和阐说，人的认知方式标画为寻根究底的智性特征，我称之为哲学的苏醒。

西方博物绘画源远流长，最早可以溯源到公元前 16 世纪希腊圣托里尼岛上一间房屋上的湿壁画，现存于雅典国家博物馆，画面上百合花和燕子交相飞舞。最早的印刷花卉插图于 1481 年在罗马出版。1530 年奥托·布朗菲尔斯的《本草图谱》出版，是一本集实用性与观赏性为一体的具有自然主义风格的植物图谱，从此以后博物图谱风靡欧洲。科学家、探险家、画家纷纷加入其行列，涉及人员之多，涉猎范围之广，超越了我们的想象力。在我见过的近百万张博物绘画中，以作者计，在历史上有名有姓的就有近万人，赫赫有名的有近千人，有大师风范的有近百人。可以概括地说，西方博物绘画发端于十五六世纪，发展于十七八世纪，19 世纪呈现发展高峰，作品爆发、大师林立、流派纷呈，19 世纪末出现式微，20 世纪出现大幅度衰落，20 世纪下半叶到现在又开始恢复和复兴。

通过我近十年的博物学学习和研究，我认为博物学以及与之密不可分的博物绘画对人的科学的苏醒和美学的苏醒大有裨益，因为博物学以及博物绘画呈现了一个人迹罕至的世界、一个已经绝迹和正在绝迹的世界、一个色彩斑斓的诗意世界、一个正在和我们渐行渐远的有意义的生活世界。一些中国画家认为，西方的博物绘画（他们鄙夷地称之为科学绘画）只具有科学认知价值，很少或者说没有审美价值；他们认为这些博物画画得太死，逼真有余而生动不足。其实他们对西方博物绘画的了解只是一鳞半爪，许多伟大的博物画家像奥杜邦、古尔德、胡克、威尔逊、沃尔夫，都有过人的本领，他们的绘画不光有逼真的线条，而且有斑斓的色彩、丰富的场景和生机勃勃的气势，让人叹为观止！他们艰难跋涉，身入险境，久与鸟兽为伍实地考察是他们成功的保障。梅里安在18世纪初带领女儿远赴南美岛国苏里南21个月；古尔德为绘制澳大利亚鸟类和哺乳动物，在澳大利亚写生两三载；华莱士为追踪研究天堂鸟，远赴马来西亚以及太平洋岛国十几年；很多博物学画家客死异乡他国。优秀的博物画家让铅笔的素描线条、铜板和钢板的制版线条突破了窠臼和限度，表现极有张力，立体地展现了一个多维空间。他们把写实发挥到极致，并用斑斓的色彩和亮丽的光线弥补写实的硬度和呆板，使画面熠熠生辉，充溢着生气，让人有身临其境的美妙感觉。我把博物画家捕捉物象的方式概括为6点：1. 远赴异域，实地考察；2. 对照写生，精确标注；3. 猎杀活物，制本复原；4. 制版着色，表现纤毫；5. 提炼定型，铺陈色彩；6. 营造气氛，建构谱系。

经过认真思考和探究，我认为博物绘画呈现了科学与美学互为表里的5个风格特点：

1. 博物绘画呈现科学数量化的风格。古尔德的博物绘画，原书中基本上每一只鸟都详细标注了主要特征的尺寸大小，每张绘画都标注了展现的是鸟类的原大图像还是按比例缩小的图像。有原大尺寸，有原三分之一尺寸，有原三分之二尺寸。

2. 博物绘画呈现精致细微的风格。鲍尔的博物学绘画丝丝入扣，精致入微，如同在显微镜下展现的万物的细微风致。他的绘画风格之所以非常细腻，据说是因为他用显微镜观察采集到的植物和动物标本。他用极其细致的笔法，纤毫毕现地展示各种植物的花蕊和叶子，生动真实地再现植物与动物的原生态，给观者留下了极其深刻的印象，在博物画史上产生了深远的影响，后世很多博物学家以他的作品为临摹范本。

3. 博物绘画呈现生动鲜活的风格。凯茨比说："在画植物时，我通常趁它们刚摘下还新鲜时作画；而画鸟我会专门对活鸟写生；鱼离开水后色彩会有变化，我尽量还原其貌；而爬行类动物生命力很强，我有充足的时间对活物作画。"他的作品有一种特别的风情和美感，有别于那些所谓专业画家的僵硬和呆板。

4. 博物绘画呈现色彩斑斓、装饰性的风致与风韵。克拉默的蝴蝶色彩斑斓，布局严谨，形式多样，装饰性和鉴赏性引人注目。整版蝴蝶扑面而来，栩栩而动，瑰丽斑斓，让人叹为观止！画家们所用色彩的精细化超过我们的想象力，面对数以万计、纷至沓来的各种新鲜的植物，画家来不及当下进行细微的描绘，匆忙用铅笔绘制完素描之后，创建自己的色卡，详细标注植物各个部分的颜色编号，回国之后再进行认真翔实的涂绘。费迪南德·鲍尔的色卡就有二百多种绿色和一百多种红色、粉色、紫色等，体现了画家复原和展现万物的斑斓细微的颜色的努力。鲍尔在"调查者号"航程中所绘制的作品之所以了不起，还有一个重要的原因是他能在相当有限的上岸时间内画出许多细节来。为此他创造了一种独特的技巧，他没有采用帕金森在"奋进号"航行中使用的部分上色的方式，而是根据自己研发出的复杂系统，在采集地花很多时间进行仔细的铅笔素描与色彩标记。回到伦敦后，他便利用这些上了色标的素描作画，捕捉色彩的细微差别。正如诗人歌德所说："我要展现我看到的万物的芳姿与颜色。"

5. 博物绘画呈现复合叠加的美学风格。威尔逊绘制鸟类绘画，起初，

贾丁编著《博物学家图书馆》之《昆虫学异域蝴蝶卷》英文版扉页

是为了节省成本，把不同的鸟类和物种放在同一画面上。无奈之举，却造成奇特的美学效果：错落有致、复合叠加，展现了纷繁多彩的世界，展现了自然之美与艺术之美的完美结合，丰富了自然世界，在呈现了自然秩序的同时，呈现了万物的秩序之美。

　　　　　　　[序二] 天边云锦谁采撷

三、博物绘画呈现的美感和审美经验概述

博物绘画所带来的美感也毫无保留呈现给我们了：

1.丰富的感知。博物绘画呈现了一个丰富的"生活世界"，区域的广袤性与细节的丰富性，地方性知识与全球性视野完美地融合，并一览无余地呈现给我们。目前还没有发现任何一个学科具有这样广袤无垠、丰富生动的呈现性，胡塞尔所说现象学丰富的感知，在博物绘画里可以得到完美实现。

2.鲜活的经验。许多博物学家在著作和相关绘画作品中，详细描绘了他们第一次发现新奇种类时的生活场景和欣喜若狂的状态，这种状态也成为描述和命名这种新物种的原初经验，他们甚至把自己的名字都镌刻在物种命名上。在《喜马拉雅山的杜鹃花》上我们可以看到胡克发现珍稀杜鹃花时那欣喜若狂的表情，在他手绘的素描和菲奇着色完成的绘画作品中都真实地呈现出来了。古尔德在《澳大利亚哺乳动物》中对袋狼详细的描述和细致入微的描画，在袋狼灭绝的今天，不啻为一曲令人惋惜惆怅的挽歌。重温这些绘画作品，也许能够让现代人找回曾经拥有的与大自然亲密接触的"宝贵的经验"，让经验重新回到人类原初体验到的经验状态，让经验回归，成为现代人的永久收藏。

3.自由的世界。德国诗人荷尔德林说：万物一任自然。毛泽东说：万类霜天竞自由。在博物画中，万物呈现了自己的本来面目与形象，花卉迎风招展，鸟儿婉转歌唱，博物绘画展示了一个自由自在的世界：美是自由的象征。海德格尔认为美的本质就是自由。在博物绘画里，我们可以在审美的愉悦中畅游世界，从广袤的森林到干涸的荒漠，从寒冷的北极到赤日炎炎的非洲，从常年积雪的喜马拉雅山脉到终年葱郁的亚马孙热带雨林，翻阅这些优美的图片，看着这些精到的解说，恍惚有"坐地日行八万里，巡天遥看一千河"的感觉。

4.和谐的意境。博物绘画展示一个有意义的生活：回归古典、回归自然的和谐意境。面对科学至上、技术泛滥的时代，德国哲学家海德格尔忧心忡忡地说：原子弹的爆炸使人类被迫进入了"原子时代"，原子时代把人从地球上连根拔起，人无家可归了。现代人生活在钢筋水泥的森林里，仰望雾霾重重的天空，呼吸着污浊的空气，电视画面充斥着核试验、病毒和战争，这就是21世纪人类遭遇的日常处境。博物绘画也许能够打开一扇门，放些许的绿意和较为新鲜的空气过来，让人可以憧憬和回忆起人类曾经拥有的和谐的生活和美好的诗意，让人们依稀回忆起海德格尔经常引用的荷尔德林的名句——"诗意地栖居"和特拉

克尔的诗境"那可爱的蓝色的兽"。

博物绘画对于我们时代的意义，尤其是在千面一孔、万象一致的冰冷的印刷复制品泛滥的机械复制时代，在数码相机一统江湖的时代，这些人工手绘的栩栩如生的博物绘画也许在这个日益单向度的世界里，如安徒生童话里的卖火柴的小女孩划亮夜空的每一根火柴那样，在漆黑冰冷的深夜里带来一小片亮光和些许的温暖。

《博物之旅》第一辑一共有 5 卷，分别讲述鸟类、昆虫、植物、动物、水生生物，从西方浩如烟海的博物学书堆里，披沙拣金，探骊得珠，从千卷书中精选出约 60 本，采撷其中精华按上述分类汇编，"嘤其鸣也，以求友声""青鸟鸣枝，佳人拾翠"。采撷编书之甘苦，牵扯枝节之琐碎，非言语能复述其详；冀丛书能满足博物学读者殷殷之望！商务印书馆高度重视博物学的传续与复兴，欣闻我在关注和收藏西方博物学名著，力邀我分门别类、编译出版，并为此付出大量人力和物力，令人赞赏；广大译者踊跃参与，有很多著名翻译家、学者牺牲了宝贵的节假日，焚膏继晷，夜以继日进行校译，那份对博物学眷爱的拳拳之情，令人感佩；博物学研究之名宿、博物学复兴的积极倡导者——北京大学哲学系教授刘华杰，百忙之中拨冗写序推荐，令人感动……在第一辑即将面世之际，谨致谢忱如尔！

乙未深秋于京郊西山思无邪斋

［译者前言］留连戏蝶时时舞　蝶影虫鸣入梦来

朱艳辉

　　威廉·雅各布·霍兰在《蝴蝶之书：北美蝴蝶通俗鉴赏指南》前言中说："人们在少年时代，一个非常普遍的共性追求就是收集昆虫。几乎每个知名的博物学家，少年时都有收集昆虫的喜好，这些生命形式虽然低等，却非常有趣又具有启发意义。在各种昆虫当中，蝴蝶因为其美丽，一直是业余收藏者的最爱。"威廉·福塞尔·柯比在《欧洲的蝴蝶和飞蛾》中提道："蝴蝶形态优美，颜色多样，斑纹复杂，在空中和花朵旁翩翩起舞，一直受到自然爱好者喜爱。几乎每个孩子都在树林和原野里追逐过蝴蝶，养过蚕或其他蛾类，看到它们破蛹而出时都会感到惊奇和喜悦。这等欢乐的儿时记忆又会引领着成年人再次把目光转向这些优美的昆虫，用科学来研究它们。"

　　的确，蝴蝶舞姿翩翩，色彩斑斓，风姿娴雅，一直受到中外文人的青睐，是他们抒情言志的重要题材。比如，李白的"八月蝴蝶来，双双西园草"；李商隐的"欲争蛱蝶轻，未谢柳絮疾"；杜甫的"穿花蝴蝶深深见，点水蜻蜓款款飞"和"留连戏蝶时时舞，自在娇莺恰恰啼"；杨万里的"儿童急走追黄蝶，飞入菜花无处寻"；辛弃疾的"蝴蝶不传千里梦，子规叫断三更月"。宋代诗人谢逸更是写过多达三百首咏蝶诗，人称"谢蝴蝶"。德国诗人赫尔曼·黑塞从小对蝴蝶情有独钟，写过很多优美的咏蝶诗句："又是蝶蛾纷飞的时节，天蓝绣球花的迟香中，蝴蝶舞姿翩跹。""一只蓝蝶，空中翩跹。风儿吹来，将它吹远，如一阵珍珠色的毛毛雨，晶莹，闪亮，然后不见。""走进野地，但见蝴蝶一只，它白与暗红相间，飘在蓝风中，令我好心动。"

　　柯比还提道："自古时起，蝴蝶和飞蛾的美丽与神奇变形就让人着迷，甚至有人虔诚地在它们身上寻找灵魂甚至永生的符号，当人们看到如此美丽的昆虫挥动翅膀从黑暗、寂静的蛹中破蛹而出时，他们好像看到人的灵魂从腐朽的尸体离开，进而升华。"

　　在中国文化中，蝴蝶同样具有重要的文化象征意义。庄周梦见自己变成一只蝴蝶，快乐惬意地翩翩起舞，四处遨游，不知自己原来是庄周。这体现了庄子对自由和逍遥的向往，对"物我两忘"的追求。梁祝化蝶的故事体现了人们对美好爱情的向往，对"有情人终成眷属"的良好祝愿。梁祝生不能同床,死定要同穴,做人不能如愿,幻化成蝶也要双栖双飞,蹁跹飞舞。时下关注度极高的电视剧《琅琊榜》,片头里那只巨大的蝴蝶,在水墨烟霭中,翩然扇动翅膀,预示着主人公破茧化蝶,涅槃而生。

蝴蝶之美,昆虫之美,令人心动,让人着迷。这份心动和着迷,驱使很多人去发现它们,研究它们。很多博物学家走上这条专业的研究道路,便是源自这份心动和着迷。

博物学,或者更细致地分为动物学和植物学等等,甚至更细致地分成昆虫学和鸟类学等等,从科学研究的角度来说,的确具有极高的专业性,需要专业的知识和研究。但从科普的角度来说,它并不高深,也不"高冷",不需要我们具有多么深厚的专业知识或背景,才能领略其中的美和韵味。它离我们并不远,相反,还很近。

"博物学"一词来自西方,英文是 natural history(英文出自拉丁文词组 Naturalis historia),从字面来看,主要涉及的是对大自然的研究。日本人最早把 natural history 译为"博物学"。这一词语在清末时进入中国,主要涵盖对生理学、动物学、植物学,以及矿物学等学科的研究。随着这些学科变得更加专业化和具体化,逐渐脱离出来,成为在研究意义上更加独立的学科,"博物学"一词逐渐变得空泛,被学界所遗忘。随着西学翻译在最近的几十年里再次进入繁荣,natural history 也再次进入学界视野,受到关注。在译法上,也出现了变化,很多译作将之译为"自然史"。总的来讲,不管是"博物学"还是"自然史",都无法与英文中的 natural history 在意义上实现完全的对应,任何一个译名都无法传递出源语言的所有准确含义。就本书收录的内容而言,爱德华·多诺万描述中国、印度和英国昆虫的三部著作均以 natural history 为书名,这里无论译为"博物学"还是"自然史",都并不恰当。这里的 history 既不是以时间为轴对过去事件进行总结,也没有上升到"博物学"学术研究的高度,它其实是对具体国家的昆虫种类进行的探究和记述。因此,"自然志"可能是更为恰当的译法:*Natural History of the Insects of China* 译为《中国昆虫志》;*An Epitome of the Natural History of the Insects of India* 译为《印度昆虫志纲要》;*The Natural History of British Insects* 译为《英国昆虫志》。

本书介绍的十位博物学家在世界范围内享有崇高声誉,影响巨大,代表着 18 到 20 世纪世界博物学发展的最高水平。他们大多著述丰富,研究领域广阔。他们中的很多人亲自到世界各地去探险,采集标本,深入研究,丰富自己的收藏。在这一点上,尤其值得一提的是阿尔弗雷德·拉塞尔·华莱士。他先后去过亚马孙流域和马来群岛采集昆虫和其他动物标本，在马来群岛采集的标本超过 12.6 万份。他大量采集和观察分布在这一地区不同区域和岛屿的蝴蝶物种，并以凤蝶为例论证了物种的形态变异与地理分布现象。说到对昆虫进行仔细观察，最为突出的要数让－亨利·卡西米尔·法布尔。他在居所"荒石园"里，对园子周围野地里种类繁多的昆虫进行了无比仔细和近距离的观察，有时还将昆虫带回家中饲养，生动详尽地记录下它们的体貌特征、生存技巧、蜕变过程、繁衍和死亡，结合思考，写成详尽生动的笔记。

博物学的发展，依赖于这些伟大博物学家的不懈研究和无私奉献，依赖于他们的人文主义追求。在两百多年前的世界里，对博物学家而言，由于印刷费用昂贵，销量又不会很大，出版一本博物学著作，并不能给他们带来多少收益，甚至需要他们自己添钱进去。但是为了博物学的发展，为了让更多的人欣赏到这些美好的事物，他们愿意奉献，甘于牺牲。正如威廉·查普曼·休伊森在《异域蝴蝶新种类插画》第一卷前言中所说："虽然这本现已基本完结的异域蝴蝶系列第一卷，从金钱的角度来看，恐怕很难说成功，但我们不会犹豫，会接着推出第二卷。我们也有足够的资料和素材再编出一本书来，即使遭受损失，我们也愿意承受，毕竟可以为我们热爱的科学奉献一点力量。我们希望这些美好的事物不仅自己能欣赏到，还要让其他博物学家也能欣赏到。……在把这些图画带给读者之际，我希望大家都能像我一样感受到这些美丽的昆虫能够带来的乐趣，希望我们对待它们的态度不再是厌恶，而是接纳。我们热爱和研究这些优雅的生物，不仅仅是为了保护它们，也让我们自己在前行的道路上，有了一盏明灯，让我们热爱和珍惜这个美妙的机会，让我们想一想，这将是一个多么美妙的世界。在这个并非永恒的世界里，那么细微之处却能带给我们如此绚烂的美丽。"

在选择这些博物名家的著作时，本书尽量做到涵盖多地区的物种，既有东方国家也有西方国家，既有新世界国家也有旧世界国家。作为《博物之旅》丛书的第二卷，本书聚焦于昆虫，有蝴蝶，有蜻蜓，有飞蛾，有螳螂，有甲虫，有蝉，有蝗虫。当然，重中之重是姿态最为优美的蝴蝶。在翻译这些著作的过程中，一个新的世界在我的面前展开，这个世界里的精彩和美丽，让我沉醉，让我在原本枯燥的翻译工作中，充满干劲。希望这本书也能够为读者朋友打开一扇窗，更好地了解美丽的昆虫世界。可惜，本书限于篇幅，只能做简单介绍。希望这些著作将来得以全书出版，以飨读者。

本书介绍的 12 本著作均配有精美插图。有的著作以插图为中心，文字简洁，起辅助作用，

[译者前言]

留连戏蝶时时舞
蝶影虫鸣入梦来

主要介绍图中昆虫的基本特征和主要信息，《英国昆虫志》《印度昆虫志》《日本蝶类图谱》和《昆虫学异域蝴蝶卷》等便是如此。

有的著作则在介绍图中昆虫的基本特征之外，还包括一些具有趣味性的内容，比如，经过 J. O. 韦斯特伍德全新编辑的爱德华·多诺万的《中国昆虫志》就在前言中介绍了大量的中国昆虫是如何从中国运到欧洲的。介绍长鼻蜡蝉时，多诺万提道："我们发现，昆虫最让我们吃惊的地方在于，它们有的居然能够发光。不是像物质摩擦那样，在瞬间发出一点光亮，而是发出非常清晰、持续的光，能够照亮周围的事物，当然还没有达到造成火灾的程度。对普通人而言，这无异于天方夜谭，见多识广的人也会感到惊讶。的确，对于有些旅者声称自己在异国见到有植物或动物能够发光，而本国又从来不曾出现过类似的例子，那么很多读者可能会质疑其真实性。"

还有的著作则以文字为主，图片为辅，或者用来论证某个观点，比如华莱士在书中以蝴蝶为例来论证物种的形态变异与地理分布现象，或者用大量文字来对物种分科分属进行介绍，比如《欧洲的蝴蝶和飞蛾》《异域蝴蝶新种类插画》和《蝴蝶之书：北美蝴蝶通俗鉴赏指南》等，又或者文字本身就是精彩生动的散文，图片起到点缀的作用，比如法布尔的《昆虫记》。

本书介绍的 12 本著作几乎本本都是长达数百页的大部头著作，几乎本本都带有数十张插图，本书从每一本中选取其中最为精美的 10 张左右插图，采用编译的方式，围绕图片，进行介绍。由于几百年来，随着昆虫学研究的不断深入，很多曾被昆虫学家认作属于不同种类的昆虫，最终发现或者是同一物种的雌虫或雄虫，或者是同一物种的不同形态或变种，因此在名称上发生了变化，有了同种异名的现象，甚至某一属的昆虫后来被确认为属于另一属。这给昆虫名称的中文译名查找上带来很大困难，而且有些昆虫种类目前尚无中文译名。虽经诸多努力，多方查找，恐仍有疏漏之处，恳请广大读者批评指正。

梅里安：苏里南的昆虫记

作　者

Maria Sibylla Merian

玛利亚·西比拉·梅里安

书　名

Metamorphosis Insectorum Surinamensium

《苏里南昆虫变态图谱》

版本信息

1705, Amsterdam

玛利亚·西比拉·梅里安

　　玛利亚·西比拉·梅里安（Maria Sibylla Merian）1647 年出生于德国法兰克福，之后搬往纽伦堡。她的家庭祖上曾出过艺术家、学者和书商。梅里安从小就对花朵和蝴蝶感兴趣，她在作品自序里曾说，她对昆虫的研究始于对蚕的研究。她擅长绘画，喜欢将研究对象绘制在羊皮纸上。她的这些早期作品已具有相当的价值，于 1679 年和 1683 年被先后结集出版。

　　在与前夫，画家约翰·安德烈·格拉夫（Johann Andreas Graff）离婚后，1685 年，梅里安带着两个女儿搬到了荷兰。在这里，她继续着昆虫研究，研究弗里斯兰和荷兰省荒野与泥炭沼之中的昆虫。当时，由于航路的开辟，荷兰境内出现了大量来自东印度与西印度的珍奇物种，贵族和学者皆以建立搜集异域珍品的私人"珍奇屋"为荣，梅里安也得以接触到大量来自欧洲以外地区的蝴蝶和甲虫，并深深为之着迷。

梅里安画像及《苏里南昆虫变态图谱》扉页

在52岁这一年，她做出决定，前往苏里南亲自研究当地的动植物。

梅里安在苏里南只待了不到两年（1699—1701），之所以会比之前的计划提前回欧，是因为她无法适应当地的湿热气候。但她在苏里南的这段经历，足以让她绘制出大量的植物和昆虫图谱。这些作品于1705年出版，即《苏里南昆虫变态图谱》（*Metamorphosis Insectorum Surinamensium*）一书。

这本书共有60张彩色铜版画，原书尺寸很大，每张画的尺寸为29.5x39.5厘米。绘制对象为蝴蝶和其他昆虫，也包括蛇、青蛙和其他动物。在绘制蝴蝶和其他昆虫时，梅里安不仅画出了它们的成虫形态，也绘制了它们的幼虫和蛹的形态。同时，这些版画不仅描绘了动物本身，也描绘了它们赖以生存的植物。每张版画后均附有一段文字说明。

以本书的第12幅图（见第14页）为例。此图所附的说明文字首先介绍的是香蕉：

"在美洲，人们称这种果实为香蕉。它就像苹果，口味也和荷兰的苹果一样棒，既可以生食也可以烹饪后食用。这种果实没有成熟的时候是绿色的，成熟后则内外皆为柠檬黄色。它和柠檬一样有厚厚的皮……"关于这张图上的蝴蝶的幼虫、蛹和成虫，她是这么写的："在如图所示的这棵树上我找到了这条浅绿色的毛毛虫。我用这棵树的树叶一直喂养它到 4 月 21 日，它在这一天开始蜕皮化蛹，到了 5 月 10 日，它变成了一只如此漂亮的蛾。"

在一些图中，梅里安绘制了不止一种昆虫或动物。这些昆虫或动物，或者是皆发现于此图所绘的植物之上，或者是在这种植物附近被发现的。

这本书之后也有法语版和拉丁语版面世。梅里安逝世于 1717 年。

相信无论是艺术鉴赏家还是昆虫和植物爱好者，都能满意此书，并从中得到乐趣。

我从少年时代起便从事昆虫的研究。我最早的研究对象是我的出生地——美因河畔法兰克福——的蚕，之后我发现，其他的毛毛虫也会像蚕一样，变成各种美丽的蝴蝶和夜蛾，这促使我开始搜集所有能找到的毛毛虫，并研究其变态情况。我也为此远离人群，苦练绘画技巧，以便能够栩栩如生地描绘它们。我把先后在法兰克福和纽伦堡找到的所有昆虫仔细地绘在羊皮纸上。一位爱好者偶然间看到了我的作品，他极力鼓励我将对昆虫的发现公之于世，以供好奇的自然学者们欣赏。我最终被他说服，并亲手将作品付梓。那套作品的第一部分在 1679 年以 4 开本出版，第二部分则于 1683 年出版。之后我来到了弗里斯兰和荷兰（这里指今荷兰的南北荷兰省地区）*，并继续

★ 本书括号中的注释均为译注。

着我的昆虫研究。我主要是在弗里斯兰进行研究，因为荷兰和其他地区相比，缺乏我能够研究的对象，我在这里主要是在荒野和泥炭沼中寻找研究对象。许多爱好者帮助了我，他们为我带来各种毛毛虫，让我研究它们的变态情况，因此我在这里仍能不断有所发现，为此前出版的两部作品增添新的内容。不过在荷兰，那些从东西印度带来的美丽的动物们令我深感惊奇，特别是当我有幸参观了高贵的阿姆斯特丹市市长、东印度公司经理 M. 尼可拉斯·维森（M. Nicolaas Witsen）先生的珍奇屋，以及尊敬的阿姆斯特丹市秘书约纳斯·维森（Jonas Witsen）的珍奇屋后。我此后还参观过弗雷德里克·霍施（Fredericus Ruisch）先生的珍奇屋，他是医学博士，解剖学和植物学教授，以及 S. 利维纳斯·文森特（S. Livinus Vincent）和其他许多人的珍奇屋。我在那里发现了无数种从未见过的昆虫，但这些珍奇屋都缺乏对这些昆虫的来源和谱系的介绍。我并不清楚这些昆虫是怎样从毛毛虫变成蛹的，也不了解它们进一步的变态情况。这促使我开始了一场漫长而昂贵的旅行，前往苏里南和美洲。苏里南是一个又热又湿的国度，上述这些先生们就是在那里捕捉到了那些昆虫，并带给我供我研究。我于 1699年 6 月前往苏里南，在那里进行了广泛的搜集，1701 年 6 月启程返回荷兰，并于同年9 月 23 日登陆。在荷兰，遵照所收藏的标本，我将这 60 章内容及相关发现如实地绘制在羊皮纸上。在苏里南我没有机会进行昆虫的仔细研究，因为那里太过炎热，我实在无法适应当地的天气，因此我比预计的提前返程了。

我回到荷兰后，一些爱好者浏览了我的绘画作品，他们鼓励我将这些作品印刷出版，他们认为我的作品是有关美洲（昆虫）的第一部，也是最特别的一部。印刷出版这部作品所需的高额费用起初令我却步，但最终我还是下定了决心。

这部作品由 60 幅铜版画组成，介绍了我所发现的 90 种毛毛虫、蠕虫或蛆虫。我介绍了它们是如何蜕皮的、如何改变颜色和外形的以及如何最终变态为蝴蝶、夜蛾、甲虫、蜂或蝇。我将所有这些动物绘制在它们食用的植物、花朵或果实上。我在这本书中还如实绘制了我在美洲所发现的西印度蜘蛛、蚂蚁、蛇、蜥蜴以及神奇的蟾蜍和青蛙，其中仅有少数是我依据印第安人的说法添加的。

为了制作这本书，我倾尽所有，如果能够收回所支付的高额费用，我将倍感欣慰。我在制作此书时不惜成本，请著名大师雕刻铜版，使用最优质的纸张，相信无论是艺术鉴赏家还是昆虫和植物爱好者，都能满意此书，并从中得到乐趣。如果我能够达成目标，并收回成本，我将不胜欢喜。

和彼得罗（Bidloo）教授的解剖图一样，我将本书的文字解说部分放在两幅图之间，两段文字印在一页上。我本可写得更长些，但当今世界如此微妙，学者们的意见分歧如此之大，所以我在此仅介绍了我自己的发现，人人皆可以利用我所提供的材料，按照自己的意愿进行研究。除了前人，如毛福特（Moufet）、哥达特（Godart）、斯瓦姆默丹（Swammerdam）、布兰卡特（Blanckaart）等已做过详尽介绍的内容，我在这部作品中介绍了所有昆虫的第一变态阶段：蛹；毛毛虫的第二变态阶段：白昼活动的蝴蝶和夜晚活动的夜蛾；以及蛆虫和蠕虫的第二变态阶段：蝇和蜂。

我在作品中保留了植物在美洲当地人和印第安人口中的名称。植物的拉丁语名和其他名称主要是由医学博士和医学及植物学专家卡斯帕·科梅林（Casparus Commelin）先生，以及凯撒－利奥波德学院的同仁补充的。

如果主能赐予我足够的健康和生命，我准备将我在弗里斯兰和荷兰的发现，和此前在德国所做的研究，一同以拉丁语和低地德语结集出版。

（编译自梅里安《苏里南昆虫变态图谱》之《致读者》）

菠萝是最常被食用的果实，也恰好是我这部作品的第一幅图，它也是我最早的发现成果。在第一幅图里，我生动地描绘了它，这幅图和下一幅图一样，能看到果实表面的一层霜。紧贴果实下方的彩色叶片就像红色的带有黄色斑点的缎子，当成熟的果实被摘下，边缘的嫩芽就会向外生长。长叶子外侧是浅浅的海绿色，内侧则是草绿色，叶子边缘有一些红色的尖刺。有关这种果实的优雅美丽，已有多位学者进行了介绍，如皮索（Piso）和马克格拉沃（Markgrave）先生的《巴西历史》，雷德（Reede）先生的《马拉巴尔花园》第11卷，科梅林（Commelin）先生的《阿姆斯特丹花园》第一卷等。因此，我不再对这种果实做进一步的介绍，而想说一下我所发现的昆虫。

蟑螂是美洲最著名的昆虫，因为它们给当地居民带来了巨大的损失和不便。它们糟蹋人类的羊毛、亚麻布、食物和饮料。甜食是它们最常食用的东西，所以它们特别喜欢这种果实。它们把卵产在一起，外面包围着圆形的"茧"（卵鞘），就像本地的一些蜘蛛那样。卵成熟后，幼虫会咬破卵壳，迅速钻出。这些小蟑螂和蚂蚁一样大小，但它们已经懂得通过接缝和钥匙孔钻进箱柜，然后就可以去糟蹋里面的一切。最终它们会长成如左图所示，颜色则是棕色和白色。当它们达到成虫的大小时，躯干的表皮会裂开，从中钻出一只柔软的、白色的带翅膀蟑螂。蜕下的表皮会留在原地，保持蟑螂的原型，但里面已经空了。

这个果实的另一面是另一种蟑螂。这种蟑螂把卵藏在身体下方的一个棕色的小袋子里。一旦人们碰触它，这个小袋子就会脱落，以便于逃跑。幼虫会从这个小袋子里钻出来，并长成和前者一样的大小。

如图所示的是一颗成熟的菠萝，人们在食用它前会先削皮。菠萝的皮有 1 寸（约 2.5 厘米）厚，如果皮削去得太少，果肉上就会留有尖锐的毛刺，吃的时候会刺痛人们的舌头。这种果实的味道就好像是人们同时在吃葡萄、杏、醋栗果、苹果和梨子。这种果实的气味芬芳而强烈，切开一颗，满屋都是它的香味。吃时去除掉的果实上的冠和芽，人们会放在地上，它们会长成新的植株。它们就像野草一样容易成活。嫩芽长成完全成熟的植株需要 6 个月。这种果实既可以生食也可以烹饪后食用，还可以被榨汁制果酒和白兰地，两种酒口味都很棒，远远胜过其他的酒。

这颗菠萝上所画的毛毛虫，是我在 1700 年 5 月初在菠萝树附近的草地里找到的。这条毛毛虫是浅绿色的，全身有红色和白色的条纹。5 月 10 日它变成了蛹，5 月 18 日化成了漂亮的蝴蝶。那只蝴蝶是黄色的，身上有闪烁的绿色斑点，我在这里绘出了它停顿和飞翔的姿态。如果用放大镜观察这种蝴蝶，会发现它翅膀上的粉末状似鱼鳞，每片鳞呈三角形，上面有长长的绒毛。这些鳞片如此规律，人们轻易就能数清。这种蝴蝶的身体遍布绒毛。

在这颗菠萝的冠上还有一种小小的红色蠕虫，这种蠕虫会织出细密的茧，包裹着一枚很小的蛹。这种蠕虫是胭脂甲的食物。我见过很多人人好奇的胭脂甲，在本地的胭脂甲中也见够了这种蠕虫。

在那种蠕虫的茧的上方躺着一枚蛹。我曾打开过这枚蛹的表皮，在里面发现了胭脂甲。胭脂甲被我画在菠萝冠上较高的地方，即那两只甲虫。我画了它停顿和飞翔的姿态，画出了它红色的翅膀及翅膀上黑色的边缘。我画胭脂甲完全是出于装饰画面的目的。我是根据一只干了的胭脂甲所画，正如其他的爱好者所发现的那样，美洲的胭脂甲并没有什么特别之处。列文虎克（Leeuwenhoek）先生在 1687 年 11 月 28 日所写的第 60 号信件第 141 至 144 页和布兰卡特（Blankart）博士的昆虫对开本第 215 页中都对这个问题有所涉及。

P. Sluyter Sculp.

这幅图画的是一种苏里南树木的一根枝丫，这种树叫作木栅树。本地人会把这种树劈开制成木棍。在美洲，人们会在地的四个方向分别打上柱子，再用这种木棍搭建棚子和屋子。这种树的花是黄色的，又厚又重。一旦花朵脱落，枝丫就会向上伸展，花托看起来就像一把室外扫帚。本地人也会把它当扫帚用。花托里满是种子，种子的外形和大小都与高粱种子近似。

　　有一种毛毛虫每年会在这种树上出现3次。这种毛毛虫是黄色的，有黑色的条纹和6根黑刺。当它长到成虫三分之一的大小时会蜕皮，之后变为橙黄色，身上每一节都有黑色的圆点，并保留之前的6根刺。再过几天它会再次蜕皮，变为没有刺的形态。它在1700年4月14日变成了蛹。6月12日，如图边缘所示的大蚕蛾出现了。图下方较小的是雄性，上方较大的是雌性。

在美洲，人们称这种果实为香蕉（见右图）。它就像苹果，口味也和荷兰的苹果一样棒，既可以生食也可以烹饪后食用。这种果实没有成熟的时候是绿色的，成熟后则内外皆为柠檬黄色。它和柠檬一样有厚厚的皮，呈串状悬挂在树上。每棵树上只生长一串香蕉，每串9到10把，每把12至14颗果实，所有果实皆向上生长。这种植物的花朵非常美丽，由五瓣红色的花瓣组成，花瓣厚似皮革，另一端表面有蓝色的薄雾。花的大小与果实相同。一整串果实要一个成年男子才可以拎起。这种树和卷心菜一样是中空的，树干由多层组成。在6个月内，这种植物的嫩芽就能长成13英尺（约4米）高、按比例如大松树般粗壮的大树。它的叶片超过7英尺（约2米）长、半尺（约15厘米）宽，呈鲜艳的绿色。人们会把它的叶片垫在待烤的面包下，便于推入烤炉。

在如图所示的这棵树上，我找到了这种浅绿色的毛毛虫。我用这棵树的树叶一直喂养它到4月21日，它在这一天开始蜕皮化蛹，到了5月10日，它变成了一只如此漂亮的蛾。

这种植物是*Musa serapionis*（现代分类学中香蕉为*Musa×pavadisiaca*），它有各种各样的别名。我在《马拉巴尔植物》一书中曾记录过它的各种名称，如Ficoides seu Ficus indica, Longissimo Latissimoque folio, fructu longissimo, Musa Serapionis dicta Herm. Cat.

这种红色的百合有白色的球茎，生长在野外。它的特性不明，绿色的叶片有丝绸般的光泽。我带了一些它的球茎回来，在荷兰的花园里先是培育出了它的花，之后又培育出了它的叶子。

在图中绿叶上躺着的这种多毛的毛毛虫头部和足部都是红色的，躯干上有蓝色的斑点及黄色的圆环斑纹。它的毛是黑色的，如铁丝般坚硬。它们以这种绿叶为食。6月4日，它结成了一个椭圆形的茧，并在茧内化成了一枚棕色的蛹，如图上植株中部所示。6月30日，蛹化成了一只漂亮的蛾。这种蝴蝶前面的翅膀是木材的颜色或褐色的，后面的翅膀则是带有黑色斑点的橙色，我在图中描绘了它飞翔的姿态。

图中这种带有绿色和白色条纹的红色小毛虫是我在苏里南发现的，就在这种百合旁的草地上。8月10日，如图所示，它在绿叶上结了白色的茧，8月24日，一只黄黑两色的蝇（原文如此，图中昆虫似为一种蜂）从茧中飞出。

这种毛毛虫和图12所示的香蕉（见本书第15页）上的毛毛虫区别很大，但它们却化成了同一种蛾。

这种植物被称为"印第安巴利亚"，生长在沼泽旁的树林里，4 到 5 英尺（约 120—150 厘米）高。它有绿而强韧的叶片，就像芦苇，花朵红而厚。嫩芽则较为纤细。

叶片最下方挂着的毛毛虫是黄黑二色的，布满条纹，以这种植物的叶片为食。它们在 6 月 14 日变成了猪肝色的蛹，如图中叶片上所示。6 月 21 日，它们变为如图中叶片最下方所示的这种灰色带黑点的小夜蛾。

位于画面最上方的黄色毛毛虫，长有黄色的条纹和棕色的头部，它们也食用这种植物的叶片。它们在 4 月 2 日蜕皮结茧，茧如图中第二片树叶上所示。4 月 14 日，它们化为如图中植物上方所示的这种褐色的夜蛾。

差不多在同一时间，我在窗边找到了一团椭圆形的黏土。打开后，我发现这团黏土内部被分为四个洞，洞里有白色的蠕虫，还有它们蜕下的皮，外形如图中叶片下方那两枚所示。5 月 3 日，它们变成了野蜜蜂或马蜂（图中所绘为马蜂，但下文对巢的描述为胡蜂），我在图中描绘了它们飞翔的姿态。我在苏里南的时候，这种蜂天天都在折磨我，每当我提笔作画，它们就在我耳边嗡嗡作响。它们在我的颜料箱附近用黏土筑了个巢，那个巢非常圆，简直就像是用制陶转盘转出来的。巢的支点很小，它们在外面又包上一层黏土以保护内部。巢上留有一个圆孔供进出。之后我每天都看见它们将小毛毛虫搬进巢内，显然是供自己食用或喂养幼虫的，就像蚂蚁会做的那样。最终我再也无法忍受它们，于是我打破了它们的巢穴，将它们赶跑了，同时我也看到了它们内部的整个体系。

印第安辣椒半人高，花白色，花朵中部为紫色。树干绿色而坚硬，叶片柔软，为草绿色。果实起初为绿色，之后会变为漂亮的红色。我在这幅图中画了四种果实，因为它们的叶片和花朵都一样，区别只在于果实的大小。它们的果实辣而刺激。印第安人会把它涂抹在面包上食用，荷兰人则会把它们切成小块，配合肉或鱼食用，或用它制作酱汁和醋等。

我在这种辣椒上找到了这种漂亮的大型毛毛虫，它们的身体两侧各有一条红色的斑纹贯穿躯干，背上则有一条白色的斑纹。它们身体的最后一节有一支粉色的角，身体的每一节上都有一个黄色的斑点，斑点上带有粉色。这种毛毛虫不仅取食这种植物的叶片，也食用它们的果实。它在 1 月 22 日化为棕色的蛹，2 月 16 日成为灰色的天蛾。这种天蛾在身体两侧各有五个金黄色的斑点，它们在夜间飞行，白昼则非常安静。

多多纳斯（Dodonaeus）和特内福尔（Tournefort）将这种植物称为灯笼椒，J. 博安（J. Bauhinus）和 C. 博安（C. Bauhinus）则将之称为印第安辣椒。这种植物最大的特点在于其果实，它的果实种类非常多，特内福尔在《植物学》中介绍了它的各种名称，《艾希史泰特的花园》一书按照实物大小绘制了许多这种植物的果实。

在苏里南的水域里生长着一种类似独行菜的植物，它的厚叶片光滑而多汁，枝条是黄绿色的，开浅红色的花。人们既把它当菠菜，又把它当生菜。作为我这本关于昆虫的作品的收官之作（原文如此），在这种水生独行菜旁画上一种水生动物或蟾蜍并不突兀。母蟾蜍会把孩子背在背上，它的卵袋长在背上，在那里受精和孕育受精卵。一旦卵成熟，小蟾蜍会一个接一个地自己从皮肤里钻出，就像从蛋壳里钻出来似的。当我发现这一幕时，我把那只母蟾蜍泡在了白兰地里，她身上还带着没钻出去的幼体，这些幼体有些头部已经钻出，有些则是身体探出了一半。黑人很喜欢吃这种蟾蜍。这种蟾蜍的前肢类似青蛙，后肢则似鸭掌。

我也曾请人从海里捕捞海螺，想看看它们内部的生物究竟是何模样。我获得了很多仍存活着的海螺，并用暴力打开了它们。我发现，它们身体的前部类似龙虾，但后部类似蜗牛，钻入海螺壳中。白昼时它们是静止不动的，但夜晚时它们会用足发出轻微的响声，并非常活跃。

1701 年 1 月，我深入苏里南的丛林，希望有所发现。我在一棵树上发现了这种美丽的红色花朵。本地人也不了解这种花的名称和特性。

　　我在这里找到了一种美丽的大型红色毛毛虫，这种毛毛虫身体的每一节都有 3 根类似珊瑚的蓝色的凸起，每个凸起上长有 1 根黑色的毛。我原本准备用这种树的叶子喂养它，但它先结茧化成了如图所示的奇怪的蛹，所以我并不确定我是否准确找到了它的食物。1 月 14 日，漂亮的蝴蝶诞生了。它的后翅内侧是美丽的蓝色，前翅内侧是棕色的，上面有一条贯穿全翅的白色条纹，微微发蓝，我在这里绘制了它飞翔的姿态。它的翅膀外侧有 3 条圆形的弧线，为黑、黄、棕三色，花纹极美，我在图中以它静止的姿态展示了这种花纹。在荷兰，这种蝴蝶被称作"大图集"。

　　在苏里南野蜂到处都是，无论是室内还是野外，本地人称之为"马里邦斯"（Maribonse）。它们是棕色的，会蛰靠近它们的人和动物，打扰人们的工作。和欧洲的野蜂一样，这里的野蜂也会用精巧的工艺筑巢，很值得一看。它们的巢最大的特点就是小心谨慎，会非常小心地保护巢中的卵不受风雨伤害。这些卵会先变成一种白色的蠕虫，如图中红色毛毛虫下方所示。这些蠕虫会逐步变成野蜂，这些野蜂已经成为了这个国家的一种灾难。

（本章由林宵宵编译）

奥利维埃：法国的昆虫收藏

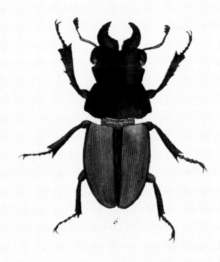

作　者

Guillaume-Antoine Olivier

纪尧姆-安托万·奥利维埃

书　名

Entomologie

《昆虫学》

版本信息

1802, Neurnberg

纪尧姆－安托万·奥利维埃

纪尧姆-安托万·奥利维埃 (1756—1814)，法国医生，著名动物学家。

作为一名医生的儿子，他最初也在蒙彼利埃大学学习医学。但他同时对博物学很感兴趣，对于在家乡莱萨尔行医热情不高。

奥利维埃 1792—1798 年与人结伴前往北非东部和中东旅行，其间收集了许多动植物标本。他首先对大量甲虫做出了科学描述。他所访问的国家和地区有奥斯曼帝国、小亚细亚、波斯、埃及和地中海地区的一些岛屿，如塞浦路斯、克里特岛、圣托里尼岛、科孚岛等，将所收集的极为丰富的博物学宝藏带回法国。他在逗留黎凡特期间三次访问了伊斯坦布尔。1800 年，他被任命为阿尔福特国家高等兽医学校动物学教授。他收集的物品大部分被法国国家自然历史博物馆收藏。一小部分位于爱丁堡的博物馆里。1800 年 3 月 26 日，他成为巴黎法兰西科学院院士。

　　　　　奥利维埃：法国的昆虫收藏

纪尧姆-安托万·奥利维埃画像

著作选录：

Voyage dans l'empire Othoman, l'Égypte et la Perse, 1801–1807.

Entomologie, ou histoire naturelle des Insectes.（1808）

Encyclopedie methodique. Histoire naturelle. Insectes. Vol. 5. Panckoucke, Paris. 793 pp.
（1790）

Encyclopedie methodique. Histoire naturelle. Insectes. Vol. 5. Panckoucke, Paris. 827 pp.
（1792 a.）

Encyclopedie methodique. Histoire naturelle. Insectes. Vol. 6: 369-704. Paris. (1792 b.)

Latreille, P. A.; M. Olivier (ed.): *Encyclopédie Méthodique. Histoire Naturelle. Insectes.*
Agasse, Paris. Vol. 8: 567-587. (1811)

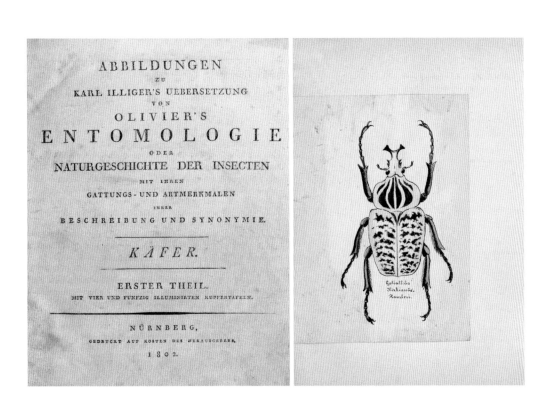

《昆虫学》德语版（伊利格译）扉页及插图

约翰·卡尔·威廉·伊利格

　　约翰·卡尔·威廉·伊利格（Johann Karl Wilhelm Illiger）1775 年 11 月 19 日出生，1813 年 5 月 10 日去世，是德国昆虫学家和动物学家。出生于不伦瑞克一商人家庭，师从昆虫学家约翰·克里斯蒂安·路德维希·黑尔维希，之后曾替博物学家约翰·岑特里乌斯·冯·霍夫曼泽希收集动物标本。曾担任柏林动物学博物馆（今柏林自然博物馆）馆长。

这部重要著作描绘了分布于世界各地的多种鞘翅目昆虫，其中有许多是首次面世。

感谢伊利格先生值得称赞的行动，使我们得以用母语阅读奥利维埃的巨著《昆虫学或昆虫博物学·鞘翅目昆虫》（*Entomologie, ou Histoire Naturelle des Insectes. Coléoptère*）。由于这部著作价格高昂，又极其罕见，此前德国昆虫学家对其几乎一无所知。众所周知，这位不知疲倦而又目光敏锐的博物学家去年就将原著第一卷的半数译文寄给了我们，并希望能够借此机会继续翻译，直至全部完成。这部重要著作描绘了分布于世界各地的多种鞘翅目昆虫，其中有许多是首次面世；书中配有精确完整的说明文字，时而夹杂着伊利格先生妙趣横生的评论。对每一位昆虫学爱好者来说，这些特点都使这部著作变得不可或缺。不过，伊利格先生只是将不含插图的译文交给了我们。原因之一是他不想使这部著作涨价；其次也是因为这样做会与赫尔普斯特先生（约翰·弗里德里希·威廉·赫尔普斯特，Johann Friedrich Wilhelm Herbst，1743—1807，德国博物学家、昆虫学家）的著作构成竞争；最后，插图还不够恰当与美观，不值得制作雕版。

说到第一个原因，我完全赞成伊利格先生的观点，这样做会使这部著作的价格变得极为高昂。但我不同意第二个原因。因为不可想象的是，赫尔普斯特先生会在他的《国内外昆虫博物学》一书中借用奥利维埃著作中的所有插图，而赫尔普斯特是不可能按原样或更好的原图绘制出这些插图的。我只需提醒各位注意，赫尔普斯特先生著作的第一部分于 1785 年，也就是 15 年前就已经出版，但完成的部分几乎不到一半；而且由于价格高昂（现已出版的 8 卷售价 51 萨克森塔勒），奥利维埃著作译本的购买者中能买得起此书的人很少。至于第三个原因，我得承认，这些插图本来可以比实际情形画得更好。尽管如此，它们还是极具价值，因为这些昆虫中有差不多三分之二来自极为遥远的地区，其中大部分昆虫的插图我们连见都没见过。

我认为，有充分的理由能够打动我复制一批与原图完全一致的铜版插图。而且，我不揣冒昧地认为，不论是制作的精美，还是价格的低廉，我的做法都值得昆虫学读者为之欢呼与感激。不过，为了克服导致这份复制品在没有特殊情况下涨价的一切因素，还应当将其中所有德国的昆虫物种排除在外，因为我们在潘策尔（Panzer）的《德国昆虫志》（*Fauna Insectorum Germanicae Initia*）及其他著作中已经见得足够多了。我希望通过这种筛选使这部著作对每个人都更富有趣味，因为我们还没有纯粹介绍外国鞘翅目昆虫的著作，只在几本昂贵的书中有零零散散的说明。

由于我无法将原版插图与实物进行对比，因而也就无法对画工、色彩等进行改进，但我会尽力使色泽的明亮度更加纯正，原作中的处理太过粗率。

尽管由于伊利格先生的译文中已经包含了说明文字，这批复制图本来完全不必再添加了；但考虑到国外读者，我认为还是有必要将原文中的拉丁文定义和说明添加进去；同时，为了使不懂拉丁文的德国爱好者也能阅读这些文字，我也在旁边给出了德语译文。如此一来，我希望这些简短的文字——在不过分贴近伊利格先生译文的情况下——能够为每一位读者所接受，同时我的付出也能成为一个整体。为了使编码始终与原文对应而不至于被打断，我还列出了只保留名称的德国本土物种，用星花做了标记，并且引用了潘策尔的《德国昆虫志》，该书没有介绍的昆虫则另引插图。

如果第一分册反响良好，我将尽快相继出版后续几册。

纽伦堡

1801 年 3 月

（编译自《昆虫学》德语译本中雅科布·施托姆的前言）

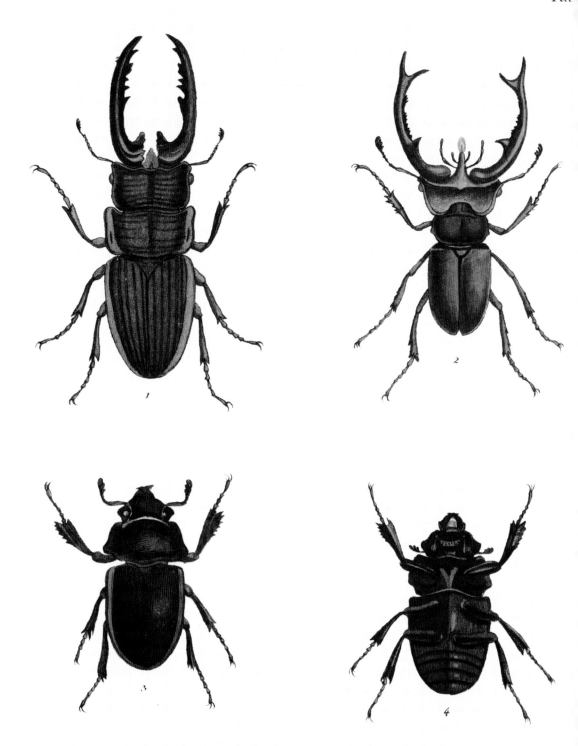

野牛锯锹甲（图1）

上颚前伸，多齿；前胸背板和鞘翅边缘呈红色。

产地：印尼安汶岛。

上颚很大，前伸，暗黑色，弯曲，多齿，基部有一较大的齿状物。头部平坦，暗黑色，无斑纹。前胸背板比头部宽，暗黑色，侧缘为红色，带有黑色长条斑纹。鞘翅暗黑色，外缘为红色。体背面具暗黑色光泽，足暗黑色。

红牡鹿锹甲（图2）

上颚大幅前伸，单齿，顶端分为2叉；头盾圆锥形，向下弯曲。

产地：北美，弗吉尼亚州，马里兰——来自约瑟夫·班克斯爵士（S. Jos. Banks）的小陈列室及大英博物馆。

与红鹿锹甲十分相似，但体形要小一些；上颚的侧齿位于中央偏后；头部后缘高高抬起，微向内凹。

整体具赭色光泽。

羚羊锹甲（图3，背面视图；图4，腹面视图）

黑色，鞘翅外缘呈砖红色；上颚内生，双齿。

产地：暹罗——班克斯收藏。

与红鹿锹甲雌虫大小一致。上颚短小，内生，前伸，双齿。头部平坦，布有斑点，深黑色，复眼旁有一盾片。前胸背板平坦，具有深黑色光泽，后缘两边开口。鞘翅非常平坦，有光泽，深黑色，外缘宽阔，砖红色，有光泽。足暗黑色，胫节有棱角，布满裂纹。

长颈鹿锹甲（图1）

上颚大幅前伸，4齿，鞘翅基部有尖端。

产地：亚洲——霍尔图伊森（Holthuysen）收藏。

外形及大小与驼鹿锹甲等大。上颚大幅前伸，与前胸背板等长，生有4颗粗大的齿状物：第1颗位于基部，第2颗位于中央靠上，第3颗朝尖端弯曲。鞘翅平坦，基部两侧向前突出。体暗黑色，有光泽。

鹿角锹甲（图5，雄虫背面视图；图6，雄虫腹面视图；图7，雌虫）

棕色，上颚前伸，单齿，与头部等长，腿节呈黄色。

产地：北美——丹提克（Dantic）收藏。

几乎与山羊锹甲等大，棕色。头部内陷，前端如同被剪去一般。上颚前伸，与头部等长，无侧齿，但在顶端旁生有一颗齿状物。腿节呈黄色。

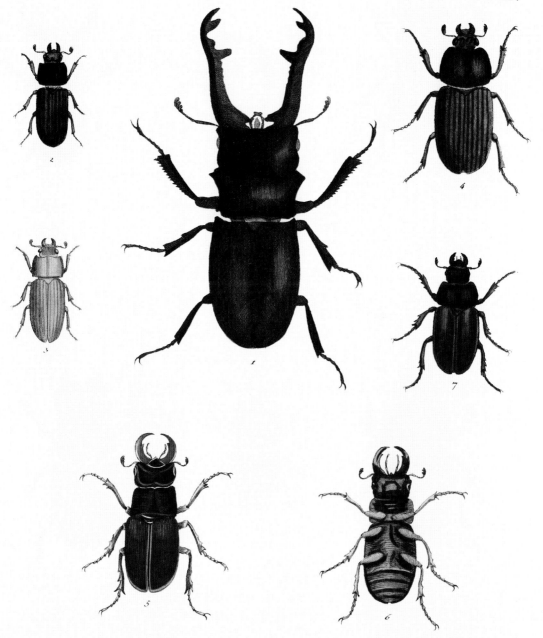

Tab. III.

Tab. IV.

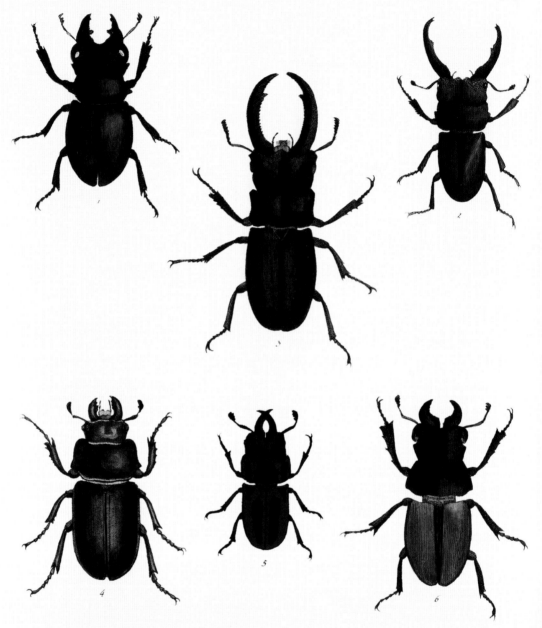

骆驼锹甲（图 1）

棕黑色；头部与前胸背板两边各生有 1 颗齿状物；上颚前伸，多齿。

杜弗雷纳收藏。

比红鹿锹甲略小，通体棕黑色，有光泽。上颚凸出并弯曲，比前胸背板短，多齿，靠中央的齿状物最大。头部略大，两边各生有 1 颗齿状物。前胸背板平坦，微向内凹，两边各生有 1 齿状物。鞘翅平坦。

大鼻羚锹甲（图 2）

上颚前伸，多齿，颚短小，微向内凹。

产地：东印度——现藏于巴黎国家博物馆。

上颚比头部长很多，前伸，弯曲，基部有 2 颗小型齿状物，中央有 1 颗较大和 2 颗较小的齿状物，靠近端部还有 1 颗小型齿状物。头部与前胸背板比鞘翅宽，较为平坦，两边各生有 1 颗齿状物。

犀牛锹甲（图 3）

上颚前伸，呈细齿状，单齿；头部与前胸背板的角质有精美的细纹。

产地：爪哇——雷耶收藏。

外形及大小与红鹿锹甲等大。躯体呈暗黑色，有光泽。上颚比头部长，前伸，一面弯曲，里侧呈细齿状，并长有 1 颗较大的齿状物。头部两侧各长有 1 颗齿状物。前胸背板有裂纹。鞘翅平坦。

羊驼锹甲（图 4）

上颚前伸，比头部短，前胸背板有棱角。

产地：东印度——杰弗洛伊收藏。

似红鹿锹甲雌虫，但大。体暗黑。上颚前伸，比头部短，弯曲，前段尖锐，内侧生有 3 颗齿状物。头两边各生有 1 颗齿状物，位于眼部上方。前胸背板平坦，两边各生有 1 颗齿状物。鞘翅平坦。前胫节外缘生有锯齿。

斑马锹甲（图 5）

上颚前伸，靠近末端呈细齿状；前胸背板与鞘翅呈砖红色，有黑色斑点。

产地：缅甸——雷耶收藏。

比黑翅锹甲略大。上颚前伸，黑色，与头部等长，生有细齿。头部暗黑色，表面生有一层红色绒毛。前胸背板平坦，砖红色，中央有一块较大的黑色斑点，两边各有一稍长的斑点，绒毛边缘还有一个斑点。鞘翅砖红色，翅缝、基部斑点及翅缝旁窄长的带状条纹均为暗黑色。

双色锹甲（图 6）

黑色；上颚前伸，弯曲，呈细齿状；鞘翅浅砖红色，翅缝黑色。

产地：马六甲群岛——雷耶收藏。

外形及大小与羚羊锹甲等大。上颚前伸，比头部短，一侧弯曲，多齿。前胸背板两边各生有 1 颗齿状物。体暗黑色。鞘翅平坦，砖红色，翅缝黑色。

　　　　　　　奥利维埃：法国的昆虫收藏

Tab. VII.   *Tab. VIII.*

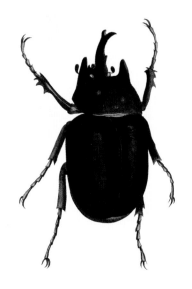 

阿克特翁犀金龟（版7，雄虫；版8，雌虫）

　　扁平；前胸背板长有2角；头部长有1只单齿、分为2叉的角；鞘翅也是如此。

　　常见于卡宴和苏里南地区。

　　较大，体暗黑色，有光泽。头部生有1角，内弯，顶端分叉，内侧基部生有1颗粗大的齿状物。前胸背板平坦，前端生有2只前伸的、挤到一起的尖角。鞘翅平坦。前足胫节两端都生有细齿。

　　雌虫暗黑色，无光泽，有斑纹。头盾生有两颗齿状物，头部生有1只小型的角。

Tab IX.   Tab X.

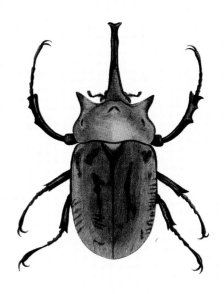
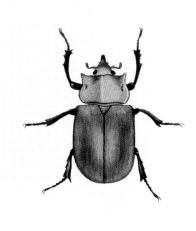

象犀金龟（版9，雄虫；版10，雌虫）

生有绒毛。前胸背板高耸呈拱形，生有2角；头部生有1只单齿、顶端分叉的角。

产地：分布于几内亚海岸——雄虫来自大英博物馆。

大小与阿克特翁犀金龟尤为接近。通体暗黑色，但全身各处都长满灰褐相间的绒毛。头部生有1只前伸、平坦、光滑的黑角，其内侧基部生有1颗有力、弯曲而覆盖绒毛的齿状物。前胸背板中央高耸呈拱形，两边各生有1只有力而前伸的角。鞘翅散布着斑点。

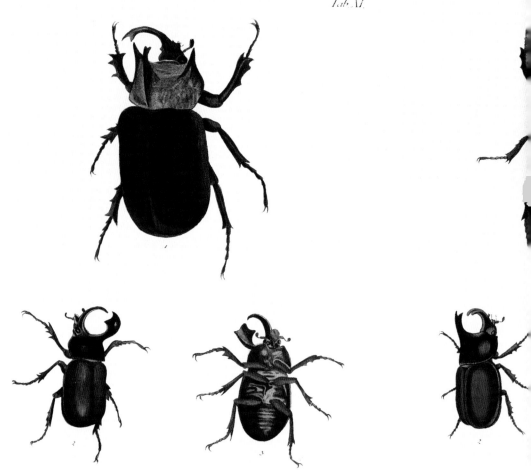

Tab.XI

负匙犀金龟（版 11 图 2、3）

褐红色；前胸背板的角直立，头部的角呈锥形，内弯。

产地：卡宴。

体红色至栗褐色。触角棕色。体被绒毛，并生有 1 只简单、竖直、内弯的角。前胸背板的角绒毛浓密，直立且朝一侧弯曲，顶端分为 3 叉，底部空心。鞘翅上有斑点，翅缝棕色。

Tab. XII.

西姆森犀金龟（版 12 图 1）

前胸背板生有 2 角，头部生有 1 只尖端分叉的角，头盾呈细齿状。

产地：南美——史密斯（Smith）收藏。

口器生有凸出的齿。前胸背板的角呈柳叶刀形。外形与阿克特翁犀金龟极为相近，但大小只有其四分之一。体背面光滑，深黑色。前胸背板的角前伸，柳叶刀形，比头部短。头部前端生有 2 齿，头角短于前胸背板，顶端分叉，上端可见极为微小的突起斑点。口器周围生有一圈突起的齿状物。

留尼旺岛犀金龟（版 12 图 2）

前胸背板生有 1 只弯曲、顶端分为 2 叉的角；头部生有 1 只内弯而分为 2 叉的角。

产地：塞内加尔——皇家陈列室

比基甸犀金龟略小。头部的角内弯、顶端分为 2 叉，尤其是表面没有细齿。前胸背板黑色、平坦、有光泽，长有 1 只大角，前伸，弯曲，顶端分叉。鞘翅棕色、平坦。

它与基甸犀金龟的区别是角更小且无细齿。

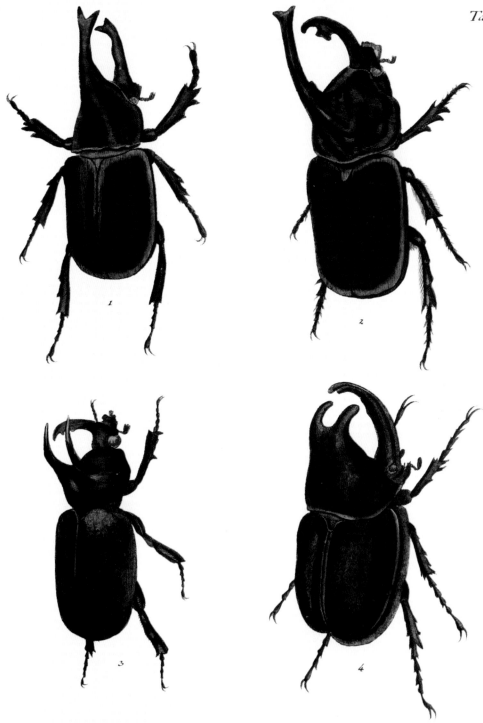

Tab. XIII.

基甸犀金龟（图1）

前胸背板生有 1 只弯曲而顶端分叉的大角；头部生有 1 只内弯、顶端分为 2 叉、上部单齿的角。

产地：东印度、苏门答腊——班克斯收藏。

大小接近人马座犀金龟。整个躯体呈深黑色。头部生有 1 只前伸、弯曲、顶端分为 2 叉，顶部单齿的角。前胸背板生有 1 只前伸、弯曲，顶端分为 2 叉的角。鞘翅光滑。

人马座犀金龟（图2）

前胸背板生有 1 只弯曲、基部 2 齿、顶端分叉的角；头部生有 1 只内弯、单齿的角。

产地：非洲——班克斯收藏。

大小及外形与基甸犀金龟极为接近；暗黑色。头盾微向内凹，生有 1 只直立、顶端弯曲、内含 1 颗有力钝齿的完整大角。前胸背板黑色，有光泽，两边各有 1 颗水平的钝齿：角大而弯曲，两边基部生有 1 颗齿状物，顶端分叉。鞘翅深黑色。胫节密布细齿。

喀戎犀金龟（图3）

前胸背板生有 2 只尖锐的弯角；头部生有 1 只内弯、分为 3 叉的角。

来自杜弗雷纳收藏品。

与基甸犀金龟大小相当。体黑色有光泽。头部两边各有 1 齿，顶端生有 1 只内弯、末端呈拱形、分为 3 叉的角。前胸背板生有 2 只外伸、弯曲而尖锐的角。鞘翅黑色，平坦，有金属光泽。前足腿节顶端附近生有 1 颗齿状物。胫节端部呈细齿状。

未命名犀金龟（图4）

前胸背板生有 1 只基部粗壮而顶端分叉的角；头部生有 1 只分叉的长角。

产地：卡宴、苏里南。

头盾两边各生有 1 齿；头角长而弯曲，未经加固，顶端分叉。前胸背板两边有斑纹，中央有光泽，平滑，有凸起，凸起物形成了短小、弯曲、顶端分为 2 叉的角。鞘翅缝之间有一独特的条纹，鞘翅两边粗糙，边缘向上弯曲。

头角呈凹槽状，顶端附近长有不易察觉的齿状物。也许它是一个特殊的种？

（本章由胡晓琛编译）

　　　　　　　奥利维埃：法国的昆虫收藏

多诺万：中国昆虫记

作　者

Edward Donovan

爱德华·多诺万

书　名

Natural History of the Insects of China

《中国昆虫志》

A New Edition by J. O. Westwood

J. O. 韦斯特伍德全新编辑

版本信息

1842, London: Henry G. Bohn, York Street, Covent Garden

爱德华·多诺万

　　爱德华·多诺万（1768—1837），作家，博物学插画画家，动物学爱好者。多诺万出生于爱尔兰科克，是一名对标本求之若渴的收藏家。他是伦敦林奈学会和维尔纳博物学学会会员，因此得以进出伦敦最好的图书馆，见识最好的藏品。那时，常有私人收藏家开办小型展览馆，多诺万也在1807年创立伦敦自然博物馆暨研究院，向公众展示自己收藏的数百件标本，包括鸟类、哺乳动物类、爬行类、鱼类、软体动物类、昆虫类、珊瑚类和其他无脊椎动物类标本以及植物标本，还有其他各种新奇的生物标本。

　　多诺万著有多部博物学作品，其中《中国昆虫志》（1798）、《印度昆虫志纲要》（1800）和《新荷兰昆虫集》（1805）最为知名。其中，《新荷兰昆虫集》是第一

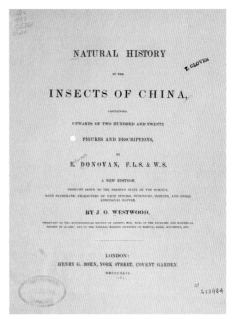

爱德华·多诺万画像　　　　　　　　《中国昆虫志》扉页

部专门讲述澳大利亚昆虫的著作。多诺万在前言中写道："世界上恐怕没有任何其他国家，能像新荷兰那样，在博物学的每个科目中，都拥有如此丰富多样而又有趣的物种。"

多诺万经常使用黏稠、金属色的颜料，亮色部分极为突出。他自己制作铜版，亲自完成书中插图的绘制、蚀刻、雕刻以及手工着色等每个步骤。他的雕刻和蚀刻极为精致，使得插图具有水彩画的感觉。

除偶尔在英格兰和威尔士短途旅行外，多诺万甚少离开伦敦，他在作品中介绍的物种多来自从国外进入英国的标本。比如，他的《中国昆虫志》一书便使用了英国派往中国的使节乔治·马戛尔尼带回英国的昆虫标本和资料。

由于花费大量金钱购买标本，合作的书商没有诚信（他自己这样说），加之英国在拿破仑战争后陷入经济衰退，多诺万不得不在1817年关闭博物馆，并在1818年将藏品拍卖。他此后仍有著述，但经济状况一直未能好转，1837年去世时，身无分文，没能给家人留下任何财产。

London Pub.^d as the Act directs by I.Donovan & & C.Rivington Oct. 25.1801

Cyclopterus lumbus tin.

多诺万绘制的鸟类、贝类和鱼类

对于中国的动物学研究，我们现在具有的知识并不比几十年前的多诺万更多。

向昆虫学界推出这新一版《中国昆虫志》，目的是使其与现在的自然科学发展相适应。之前的版本是在 1798 年出版，与多诺万的其他著作一样，也是采用的林奈体系。当时的昆虫学尚处在起步阶段，而在这之后的 40 多年里，昆虫学飞速发展。我想在新版本中，把昆虫的个体特征描述得更加准确，使用更加精准的术语，尽可能列出每一物种的不同名称。上一版中有些地点信息是错误的，新版做出了更正，并加入了一些新的意见和看法，有的直接加入到正文中，有的则是以脚注的形式。对于上一版中对读者具有启发意义或趣味性较强的内容，新版没有进行任何删减。新版采用了字母排列和分类排列方式。我不敢说新版没有任何缺点，但我的确已经尽最大努力把多诺万的优美昆虫图片更好地展示出来，而且我相信和我一起工作的昆虫学家们，他们对这一行无比热爱，技术精湛。值得一提的是，新版为各版图片以及每版图片中的每个图都进行了编号。

对于中国的动物学研究，我们现在具有的知识并不比几十年前的多诺万更多。的确，现在不断有成箱的中国昆虫标本在广州的商店购得后，运回欧洲，但这里存在一个只要是涉及中国的东西就会存在的问题，那就是运来欧洲的昆虫种类极为单一，在这无数箱标本中，找不出哪怕一个新的、独特的物种。在中国，显然有大批人被雇佣来饲养和采集这些被大批运来欧洲的昆虫物种。装有中国昆虫标本的箱子用一种软木制成，长宽大概分别为 16 英寸和 11 英寸（分别约 40 厘米及 28 厘米），深度足以立着放进一枚标本针，标本针倒着放置在木箱里，最靠近针尖位置插着的是蝶类和蛾类（一般插过翅膀），它们因此处在木箱里的最下一层，上面还有一层甲虫类和蝇类等昆虫。

多诺万观察说："中国人像他们的邻居日本人一样，对自然界非常熟悉，对动物学和植物学的研究极为热衷。"实际上，中国人对昆虫学也很关注，养蚕织丝便起源于中国，中国还有大量昆虫画画得极为出色，很多已经传入欧洲。不过，这些画作大多并非属于写实类，只有少量画作对昆虫的描绘较为准确和细致。

我们希望在不久的未来，中国这个庞大帝国的昆虫和植物会因为其实用性和重要价值，而非仅仅因为其新奇少见，而走入欧洲人的视野。中国的胭脂虫（cochineal insect。注：胭脂虫实际产于南美洲，原文如此）和那种在东方被用来制蜡的昆虫尤其值得我们注意。

考虑到中国的国土那般辽阔，我们对其昆虫产出又所知有限，实在无法对其昆虫地理学妄下断言。中国有很多昆虫种类与印度东部的昆虫具有相似性，甚至偶尔有完全一样的。这些昆虫显然应该出自广州附近地区，这里与孟加拉处在同样的纬度。根据德国昆虫学家弗朗茨·法尔德曼在著作中对中国内蒙古地区及其他北部边境地区鞘翅目昆虫的描述来看，中国在北纬40—50度之间地区产出的这些昆虫与热带地区广州附近产出的昆虫差异极大，反而与俄国中部地区的昆虫相似性更大。这给了我们启示。期待法尔德曼很快推出新作，描绘这一地区出产的其他目的昆虫。

（编译自《中国昆虫志》编者 J. O. 韦斯特伍德的序言）

1. Buprestis Villata.   *2. Buprestis Ocellata.*

图中 1 号昆虫为红绿金吉丁，金绿色，鞘翅表面有 4 条突起线条和 1 条较宽金色条纹。

在鞘翅目昆虫中，吉丁科尤其种类繁多，引人注目。巴西和新荷兰（今澳大利亚）的吉丁科昆虫很多体形庞大，但均不如印度昆虫那般美丽。在印度很多地方，人们把这些昆虫的图案印到徽章和饰物上，穿戴起来。红绿金吉丁尤其受到欢迎。这种昆虫在中国产量丰富，经常被以很低的价格贩卖给印度人。中国人善于利用欧洲人对于新奇事物的好奇而获利，他们在内陆地区大量收集吉丁虫等色彩鲜艳的昆虫，转卖给欧洲人。

红绿金吉丁有时被误认成 *Buprestis ignita*（即 *Chrysochroa ingita*，无中文译名），但后者不具备前者那样亮丽的颜色，虽然两者在体形和大小上确有相近之处。丹麦昆虫学家法布里丘斯指出，这两种昆虫的具体区别是 *Buprestis ignita* 的鞘翅末端有 3 根刺须，而红绿金吉丁只有不超过 2 根。这样的辨别方法对这两种昆虫也许适用，却不能用来辨别眼斑吉丁，因为据法布里丘斯观察，这种昆虫有的在鞘翅末端有 3 根刺须，有的则有 2 根。

多诺万认为，吉丁科昆虫主要在水中或沼泽地完成蜕变。但事实并非如此，如今，已经有充分证据表明，这些昆虫早期生活在树木上，比如中国的美人蕉和印度的开花芦苇。

图中 2 号昆虫为眼斑吉丁，主体为闪亮的绿色，鞘翅表面有 3 条突起线条，每鞘翅中心有 1 枚黄色大圆斑点。体长 1.33 英寸（约 3.4 厘米）。

眼斑吉丁极为稀少。昆虫学家奥利维埃认为这种昆虫源自东印度金德讷格尔。英国昆虫学家德鲁里收藏有大量来自中国的眼斑吉丁，各色各样。两鞘翅收起时，两个斑点合二为一，在背上形成一个大的斑点。

这样的斑点为眼斑吉丁所独有。斑点位于鞘翅中心，显得有些透明，如果标本保存状况良好，颜色呈现乳白色，周围为一圈深红色。有些标本的斑点呈现褐色，可能是在昆虫死亡后，颜色发生了变化。

图中的昆虫，翅膀打开，其中一只还专门从反面展示了它的美丽之处，尤其是金灿灿的腹部和紫色的鞘翅内侧。

多诺万：中国昆虫记

图中 1 号昆虫为二角裂头螳，胸部光滑，颜色浅淡，眼呈四方形，向前伸展，形成尖锐的角度，前翅短于后翅。体长 4.25 英寸（约 11 厘米）。

斯托尔曾在作品中画过两种昆虫，与图中的两只昆虫非常相似，一种来自科罗曼德尔海岸，另一种来自中国。多诺万说自己未能发现斯托尔的两种昆虫与自己画的这两只有任何实质上的差别，因此倾向于认为它们属于同样的物种。

斯托尔创作时面对一大困境，那就是，很多稀有的昆虫种类当时尚无明确的科学名称和定义。这对参考他的著作的博物学家而言，也是一大麻烦，法布里丘斯因此甚少论及他的著作。

法布里丘斯描述过一种非洲昆虫（*Mantis oculata*），多诺万将其与自己收藏的来自中国的标本进行了对比，发现是同一物种。

图中 2 号昆虫为锥头螳，前胸有一大块膜质区域，前足末端带列刺，中后足腿节近端部有一处圆形突出膜质，触角栉齿状。体长 2.5 英寸（约 6.3 厘米）。

这类昆虫很多看上去与各种树叶在形状和颜色上都没有多少不同，以至于很多都是根据与它们相像的植物而命名，这倒给了昆虫学家辨别它们的最佳依据。来到盛产这些物种的国家的旅者，经常对它们与植物是如此相像，而感到惊讶。从动作来看，它们甚至像是训练有素的士兵，经常静静地停在树上几个小时，一动不动，动则瞬间腾空，落下后，重新寂寂无声。这些都是它们为了捕获相对谨慎的猎物而耍出的花招，却有不明所以的旅者言之凿凿地说自己看到树叶活了，还能飞呢。据梅里安介绍，印度便有人相信这些昆虫像树叶一样生长在树上，长大后，便脱离树木，爬走，或飞走了。

锥头螳耐心极为突出，发现猎物后，便不会再让猎物脱离自己的视线，虽然这个过程可能会持续数个小时。如果猎物距离比较远，在自己头顶上方，它会慢慢调整姿势，把长长的胸部逐渐立起来，以 4 条后腿作为支撑，逐渐把 2 条前腿也立起来。如果此时已经足已够到猎物，则两侧前足基节打开，用腿节上的列刺捕获猎物。如果捕猎未能成功，它会撤回前足，但保持张开状态，等待猎物进入捕猎范围，一举擒获。如果猎物远离，它则或飞或爬，像捕鼠的猫一样，跟在猎物后面，直至猎物停下，被它成功捕获。它的瞳孔（昆虫并无人眼般的瞳孔，原文如此）很小，黑色，能够转动，看到各个方向，因此不需要转动头部，便可看到各个方向的猎物，不会引起猎物的警觉。

螳螂以绿色最为常见，死后会褪色或变为褐色。有些为彩色，极为绚烂，就目前所知，以马鲁古群岛的彩色螳螂最为绚丽。

Pl.9

1. *Mantis bicornis* 2. *Empusa flabellicornis*

2.Truxalis vittatus. 1.Truxalis Chinensis

图中 1 号昆虫为中华荒地蝗（中华剑角蝗），躯体绿色，头部和胸部有 4 条纵向条纹，翅膀淡黄色，稍透明。翅展 5.25 英寸（约 13.3 厘米）。

多诺万将这一昆虫认作为林奈蝗虫的一个变种。他声称这种蝗虫的变种很多，常见于非洲、亚洲和欧洲南部，躯体长短和颜色各不相同，主要由所处的气候环境决定。在昆虫学家祖尔策笔下，这一昆虫的翅膀为红色，但来自中国的昆虫标本显示，红色中还稍微带有一些绿色。为避免混淆，这里将这一昆虫命名为"中华荒地蝗"。

图中 2 号昆虫为白条长腹蝗，头部相对突出，典型的介壳动物颜色，头部、胸部和后腹部带有横向银色条纹，体长 1.33 英寸（约 3.38 厘米）。

根据约翰·弗朗西永收藏的一份来自中国的昆虫标本所绘。

图中昆虫为*Locusta (Phymatea) morbillosa*（无中文译名，暂译为红翅齿脊蝗），胸部近方形，红色，体表不平。前翅（蝗虫前翅称为"革翅"或"覆翅"）稍微呈现蓝褐色，带淡黄色圆点。后翅红色，带黑色圆点。翅展 4.33 英寸（约 11 厘米）。

休憩时，翅膀叠起，将大部分美丽隐藏，但当翅膀打开，则精彩绽放。它不像鞘翅目昆虫那样，金属般闪亮夺目，它的颜色是半透明的，透过光亮时，会展现出各种色彩。鞘翅紫色，点缀有黄色斑点，翅膀是炙热的红色，点缀有黑色斑点。腹部黄黑相间，腿部鲜红色，头部和胸部更是红得发亮。这一昆虫身上满是各种绚烂的颜色，可以说是半翅目（原文如此，现归为直翅目）昆虫中，颜色最为亮丽的。

在中国数量并不是很多，甚至可以说不太常见。其他蝗类倒是数量丰富，在繁殖季节，数量增加到恐怖的程度，足以造成破坏。栖息在中国北方边境附近的鞑靼蝗和飞蝗在特定季节会如浪潮般涌向附近国家，寻找食物，吞食一切绿色，所过之处，几乎不会留下任何植被。飞蝗飞过时，遮天蔽日，有时向西飞过河流、大海和大片疆域，抵达欧洲，虽然会有很多在这样的大迁移中死去，但抵达目的地的飞蝗数量依然庞大，足以造成大面积的破坏。这一昆虫到过英国，但数量不多。土耳其帝国的欧洲各省、意大利和德国却没那么幸运，遭受过很大损失。还有其他很多蝗类昆虫在中国也极为常见。蝗虫只有在数量极为庞大时，才会成为祸害。在中国和其他东方国家，蝗虫被视作一种食物，市场上时常能够见到。

Pl. 13.

Locusta morbillosa.

Fulgora Candelaria.

长鼻蜡蝉，属同翅目（现已合并到半翅目）蜡蝉科，头上有向前上方弯曲的圆锥形凸起，覆翅绿色，带橙黄色斑，后翅黄色，带黑色斑。翅展 3 英寸（约 7.6 厘米）。

多诺万说："我们发现，昆虫最让我们吃惊的地方在于，它们有的居然能够发光，不是像物质摩擦那样，在瞬间发出一点光亮，而是发出非常清晰、持续的光，能够照亮周围的事物，当然还没有达到造成火灾的程度。对普通人而言，这无异于天方夜谭，见多识广的人也会感到惊讶。的确，对于有些旅者声称自己在异国见到有植物或动物能够发光，而本国又从来不曾出现过类似的例子，那么很多读者可能会质疑其真实性。"

"一直以来，人们都以为蜡蝉发出的光来自其躯干，或者是由于前额部的折射，但德国博物学家勒泽尔对长鼻蜡蝉发光提出了新看法，进行深入研究之后，也许可以让博物学家找到办法确认蜡蝉发光是完全依靠'鼻子'上固有的某种物质，还是从外部环境吸收了某种光源。他注意到，蜡蝉的长鼻子以及躯体和翅膀上几个地方有某种白色的粉状物质，看起来就像那种能够在夜里发光的树木腐朽后的样子。其实，在接触到他的这一观察之前，我们已经有了类似的想法。我们在同一属的其他昆虫身上都发现了类似的白色粉末，但大多是在鼻子上。另外，勒泽尔的观察相对有限，因为当时已知的蜡蝉科昆虫只有 2 种。而我们对 12 种蜡蝉和其他几种相关昆虫进行了观察和研究。我们相信这种白色粉末是某种含磷的物质，昆虫的鼻子末端发亮后，这种物质能使得亮度增加。"

"虽然蜡蝉这个名字本身就体现了这一属的昆虫具有的发光特性，但我们并不确定这一属的所有昆虫是否都具有这一特性。它们的确都长有鼻子，但有些的鼻子相对要短很多。我们也尚不确定欧洲蜡蝉在夜里会不会发光。"

Morpho jairus.

图中昆虫为*Morpho（Drusilla）jairus*（即西冷眼环蝶*Taenaris selene*），蛱蝶科闪蝶属（现归于眼环蝶属），前翅面整体褐色；后翅基部向外辐射区域为白色，每片后翅正面有 1 枚单眼状斑，反面有 2 枚。翅展 4.5 英寸（约 11 厘米）。

这种蝴蝶极为罕见，亨特先生曾藏有一份标本，现在属于格拉斯哥大学，大英博物馆收藏的标本并不完整，弗朗西永藏有的标本保存较为完好。除了这些标本和绘制这幅图参考的标本之外，多诺万没能在任何其他地方见过这种蝴蝶的标本。克拉克和彼得·克拉默曾分别在著作中绘制过这种蝴蝶。但他们画的蝴蝶并不完全一致：克拉克的蝴蝶颜色更淡，后翅白色区域更大。

法布里丘斯说这种蝴蝶源自东印度，而克拉默绘制时参照的标本则出自安波那岛。因此，它和其他很多昆虫一样，并非中国所独有（本种实际在中国无分布）。

Nymphalis Bernardus

图中昆虫为白带螯蛱蝶，蛱蝶属，翅面黄褐色；前翅有黑色外缘带，中区有较宽淡黄色横带；后翅有 1 排黑色眼状斑，有尾突。翅展 3.5 英寸（约 8.9 厘米）。

这一中国蝴蝶物种极为少见，尚未有其他书籍收录过它的图片。法布里丘斯对它的描述源自琼斯先生的画作。我手上有一份标本，中央颜色带已褪色至接近白色，后翅也有一半褪色，后翅上的黑色斑点大幅放大，接近连到一起，中心的白点已经消失。

图中植物为山茶花，常见于中国和日本，每年 1 月到 5 月间开花。山茶花植株形姿优美，高度可达几英尺，有变种的花朵为复瓣，纯白色，也有其他变种花瓣非单色，比如白瓣红点。

Pl. 36

1. *Cynthia Oenone.*   2. *Cynthia Almana.*

3. *Nymphalis Lubentina.*

图中 1 号昆虫为黄裳眼蛱蝶（雄性），翅膀边缘齿状，外缘黑色，后翅近身侧黑色，上有巨大蓝色斑点。翅展 2.5 英寸（约 6.4 厘米）。

多诺万认为，这种蛱蝶在整个亚洲均能见到（林奈和法布里丘斯说在亚洲最为常见），在中国尤其多见。据《方法论百科全书》记载，好望角是这一蝴蝶的栖息地。雌蝶具体形态特征完全符合林奈的描述，但据戈达尔所言，雄蝶翅膀正面没有单眼状斑。图中为雄蝶。

图中 2 号昆虫为美眼蛱蝶，前翅外缘有角突，后翅臀角处突起，翅正面黄褐色，翅面各有 1 枚单眼状斑。翅反面褐色，后翅中央有 1 条横向条纹。翅展 2.75 英寸（约 7 厘米）。

美眼蛱蝶翅膀外缘有角突，外形显得尤其特别。翅面上的单眼状斑使得它看起来与孔雀蛱蝶有些相似之处，但在其他方面，又有很大不同。美眼蛱蝶在中国很常见，法布里丘斯认为整个亚洲都是它的栖息地。

图中 3 号昆虫为红斑翠蛱蝶，翅面外缘齿状，翅面绿褐色，前翅正反两面均有 1 排白色斑点，后翅正面有 2 排深红色斑点。翅展 2.5 英寸（约 6.4 厘米）。

红斑翠蛱蝶只有克拉默在著作中绘制过，他的标本与本图所示稍有区别，但在所有重要特征上完全一致，因此两者无疑属于同一物种。克拉默绘制的红斑翠蛱蝶前翅上的半透明斑点比本图所示要大很多。

多诺万：中国昆虫记

图中 1 号昆虫有可能是*Deilephila nechus*（无中文译名，暂译为鹰天蛾）。翅面完整，前翅绿色，带介壳状斑纹，后翅黑色，基部有斑点，翅面边缘附近有 1 排斑点。翅展 3.5 英寸（约 8.9 厘米）。

已经绘制过的这一属的中国昆虫数量很少，这里绘制的昆虫算是其中体形比较大的，但考虑到它们与欧洲同类昆虫相比体形较小，我们想，中国肯定还有很多体形更大的昆虫尚不为其他国家的昆虫标本收藏者所知。乔治·斯汤顿爵士曾在著作中描述过一种天蛾的幼虫，可惜语焉不详，我们无法判定它是什么属和种类的昆虫。

图中昆虫是依据弗朗西永收藏的来自中国的标本所绘。法布里丘斯认为它的栖息地在美洲，而克拉默绘制的属于同一物种的昆虫也来自北美。此外，多诺万的绘图和描述与法布里丘斯的描述并不完全一致，基于此，对于这一昆虫的名称，我们要打上一个问号。

图中 2 号昆虫为*Glaucopis polymena*（无中文译名，暂译为蜂鹿蛾），翅面黑色，有深黄色斑纹，每片前翅有斑纹 3 处，每 1 后翅有斑纹 2 处，腹部有 2 道深红色横带。翅展接近 2 英寸（约 5.1 厘米）。

这种美丽的昆虫在中国应该很少见，至少被带出中国的标本非常稀少（实际本种分布于印度及东南亚地区，中国无分布）。

图中植物为月季。

Pl. 40.

1. *Deilephila. Nechus.* 2. *Glaucopis Polymena.*

Pl. 12

Saturnia Atlas.

图中昆虫为乌桕大蚕蛾，前翅边缘呈镰刀状，黄褐色，前后翅的中央各有一处三角形无鳞粉透明区域，前翅翅尖位置也有一处较小类似区域。翅展 8 英寸（约 20 厘米）。

夜间活动的鳞翅目昆虫颜色相对简单。它们的优雅和精致在于无穷的种类和搭配，各种各样的斑纹、斑点和线条让它们拥有细节之美。但有些昆虫不在此列，很多体形庞大的昆虫颜色俗气，体形小巧的则色彩更加丰富，颜色搭配奇妙而多样。

欧洲的鳞翅目昆虫数不胜数，可以想象，我们对遥远的其他国度拥有的此类昆虫知之甚少，对中国鳞翅目昆虫的了解尤其有限，根据法布里丘斯的描绘，整个欧洲存有的中国鳞翅目昆虫标本种类不超过 20 种。欧洲人对欧洲以外其他国家的蛾类昆虫给予的关注很少。蝶类相比更加绚丽和生动，在日间活动，更容易引起旅者的好奇和关注，欧洲因此有很多蝶类标本。相反，蛾类昆虫虽然数目更多，但对普通人的吸引力相对更低，也较少出现在人前。它们白天躲藏在昏暗的树林里，太阳落山之后，才会挥动翅膀，出现在人前。在欧洲，它们的栖息地容易寻找，也没有危险，但在炎热地区，这样的探险非常困难，甚至要面对凶猛的野兽，没有旅者会为了丰富蛾类标本而冒这样的危险。

乌桕大蚕蛾是欧洲人最先注意到的蛾类昆虫。它体形巨大，是最大的蛾类昆虫之一，在中国很常见，但又并非为中国所独有，亚洲其他地区和美洲都有它的踪迹。不同国家的气候对它的影响显而易见，南美洲苏里南的大蚕蛾体形最大，颜色最深，中国的大蚕蛾则体形次之，颜色偏向于橙色，前翅前缘的角度更大。我们还有 2 枚来自亚洲其他地方的标本，体形更小，前翅角度极大。

多诺万：中国昆虫记

多诺万：英国昆虫记

作　者

Edward Donovan

爱德华·多诺万

書　名

The Natural History of British Insects

Vol. 1

《英国昆虫志》（第 1 卷）

版本信息

1792, London: Printed for the Author,

and for F. and C. Rivington, No.62, St. Pawl's Church-Yard.

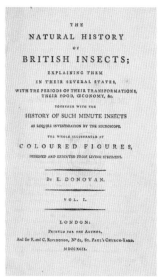

《英国昆虫志》扉页

多诺万著《英国昆虫志》

黑尾蜻

口器具至少 2 颚；唇分为 2 部分；触角细而短，丝状；雄性尾部具分叉突起。

翅面基部无斑点；腹部背面和两侧具黄色斑。

林奈曾在著作中对网纹蜻做出描绘，极为简短，而且没有引述可靠的来源，如果不是这一昆虫与其他欧洲蜻蜓物种差异极大，人们很可能会对他描述的昆虫是不是网纹蜻而有所怀疑。实际上，这大可不必，因为他的描绘虽然简短，却很贴切，完全适用。法布里丘斯描述网纹蜻时，也引述了林奈的描述。

瑞士昆虫学家祖尔策曾在著作中描绘过一种蜻属昆虫，命名为 *cancellata*，其基本特征与网纹蜻大体一致，但体形只有网纹蜻的一半大小，勒默尔在著作中接受了祖尔策的说法，但法布里丘斯没有引用他们任何一人的描述。虽然体形大小没有明确说明，但从外部特征上还是可以接受或者说理解的，我们可以假定它们是同一种昆虫，只是体形大小不同。

黄腿赤蜻

口器具至少 2 颚；触角短于胸部长度；无褶；雄性尾部钳形。

翅膀透明。腹部圆筒形，红色。

蜻属中数量最多的种类，夏天常出现在沟渠等潮湿的地方。不同标本颜色差别较大。

苏格兰蜻

口器具至少 2 颚；唇分为 3 部分；触角很细，丝状，比胸部长度短；雄性尾部具分叉突起。

胸部带 2 条斜向黄色斑纹带。

雄性翅面透明，具深黑色斑点；腹部黑色。

雌性翅面透明，具深黑色斑点，基部黄色；腹部黄色，各节均有 2 条黑色条纹。

最近，英国动物学家威廉·埃尔福德·利奇先生为我们提供了这一蜻属新物种的标本，他还专门为它起了"苏格兰蜻"这样一个通俗的名字，以表明它最先在那里被发现。利奇先生说这种蜻蜓在苏格兰的泥塘周围很常见。

Libellula aenea

（现在学名*Cordulia aenea*，伪蜻科一种，暂译为柔绿伪蜻）

口器具至少 2 颚；唇分为 3 部分；触角很细，丝状，比胸部长度短；雄性尾部带分叉突起。

翅面透明，胸部黄绿色。

最近在汉普斯特德附近的沼泽地被发现。约翰·雷最早将其记录为英国蜻蜓物种，但那之后，便变得稀少，在汉普斯特德附近也很少再见到。1805 年夏天，我们在汉普斯特德附近采集到 2 种变种，相互之间差别不大。眼都是棕色，胸部都是黄绿色。主要区别在翅面的颜色，一种为透明，另一种微带黄色。此外，翅面黄色的变种躯体微带金紫色泽，另一种则为黄绿色，只是稍微带一点红褐色。

这一蜻蜓物种并非为英国独有，林奈说它出自瑞典，若弗鲁瓦说它出自法国，还有其他昆虫学家说它出现在德国。

Libellula grandis（现在学名*Aeshna grandis*，蜓科的一种，暂译为网纹大蜓）

翅 4 只，透明，带网状翅脉。尾部无刺。

口器具至少 2 颚；触角比胸部长度短；雄性尾部分叉。

胸部褐色，每侧具 2 条斜向黄色条纹。腹部红褐色，带白色点。翅面边缘具斑点。

在树林里很常见，从来不会离水源太远。幼虫生活在水里，直到生出翅膀，变为成虫。幼虫时便开始吞食体形更小的昆虫，成虫后更是在飞行中捕食蛾类和其他弱小的昆虫。夏季大部分时间都能见到。

Libellula forcipata（现在学名***Onychogomphus forcipata***，春蜓科一种、暂译为钳尾春蜓）

口器具至少 2 颚；唇分为 2 部分；触角比胸部长度短，非常细，丝状；雄性尾部具分叉突起。

头部亮黄色，具黑色斑。复眼突出，棕色，有光泽。胸部黄绿色，有黑色条纹。腹部黑色，有黄白色纵向间断条纹，中间几节两侧有黄色横向短斑纹，下侧有同样颜色的半月形斑纹。翅面透明，前缘脉上具 1 枚深色斑。

在蜻蜓中，算是比较独特、稀少、优雅的物种。感谢已故的德鲁里先生，我们拥有了 1 枚这种极为少见的昆虫的标本，另外，最近在海格特附近又采集到 1 只，应该很快就会送到我们手里。它像其他同类一样，经常出现在池塘等有水的地方。我们对它的幼虫阶段尚不了解，稚虫阶段如图中所示。

Libellula quadrifasciata

（无中文译名，暂译为四斑蜻）

口器具至少 2 颚；唇分为 3 部分；触角比胸部长度短，非常细，丝状；雄性尾部具分叉突起。

翅面白色，前缘黄色；前后翅顶角位置以及后翅基部具暗褐色斑。

这一蜻属新物种标本出自德鲁里的收藏，极为稀少，此前尚未有著作对其进行过描绘。

博尔顿蜻（右页图）

口器具至少 2 颚；唇分为 3 部分；触角比胸部长度短，非常细，丝状；雄性尾部具分叉突起。

翅面透明；体较长，黑色，每节中部有 1 条黄色间断宽斑纹，顶部则有 1 条窄斑纹。

在我所熟悉的昆虫学家中，尚无人注意到这一姿态优美的蜻属物种。绘图所依据的标本为多年前博尔顿先生在约克郡采集，然后交给了德鲁里，但一直未能引起注意。我认为这一物种非常独特，从未见过。它体形优美、巨大、独特，其特征与已知其他蜻属蜻蜓差异巨大，很容易辨别。我用博尔顿先生的名字来为其命名，以感谢他发现了这样一个独特的蜻蜓物种。

多诺万：印度昆虫记

作 者

Edward Donovan

爱德华·多诺万

书 名

An Epitome of the Natural History of the Insects of India

《印度昆虫志纲要》

版本信息

1800, London: Printed for the Author by T. Bensley, Fleet Street.

目前还没有其他著作以类似的方式去描绘栖息在那片土地上的美丽的生物。

大概四年前，作者曾出版过一本《中国昆虫志》，形式和规划都与这本讲述印度昆虫的著作完全一样。说到当时受到的鼓励，现在又显得信心十足，好像不太合适，以免被人误解了动机。至于能不能获得像上次一样的高度认可，还是要由读者最终决定。就作者来说，不能否认《中国昆虫志》受到热烈欢迎的确促使我创作这样一本描绘印度昆虫的著作，不过，上次的成功不论如何巨大，都没有影响到我这次的热情，

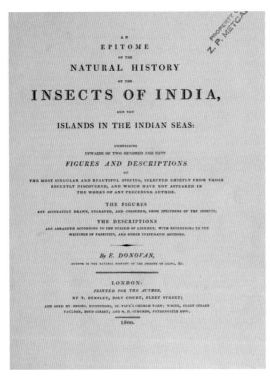

《印度昆虫志纲要》扉页

我依然尽了最大努力，力争让这本书与上一本一样完整和有趣。

谈到这本书，有一点不能不提。这一次，我们要研究的国家不同以往，它的一切与大英帝国的繁荣、尊严和荣誉息息相关，英属印度是一片价值连城的土地，已经处在英国控制之下很长时间，最近更是因为英国士兵在东方世界的英勇作战，正式成为我们的属地。这里的昆虫研究理应引起我们更大的兴趣，让我们倾注更多的关注。当然，这并不是说作者可以人为地因为这种政治上的考量，而让印度昆虫学研究具有任何额外的重要性，我只是认为既然我们的博物学研究对象是印度，是一个与我们息息相关的国家，我们有理由向公众要求一点额外的关注。最重要的是，我相信这本从设计和内容上都极力展现印度昆虫学之美的著作不至于会被公众所不认可，毕竟目前还没有其他著作以类似的方式去描绘栖息在那片土地上的美丽的生物，我也希望这本书能够有些用途，希望它对生活在印度的人有用，也希望它对英国的博物学家有用。

另外，需要说明的是，本书描绘的昆虫物种并不完全局限于英属印度地区，还包括栖息在印度这片广阔大陆上的其他地区以及生活在印度附近海岛上的各种值得关注和描绘的昆虫种类。

（编译自爱德华·多诺万《印度昆虫志纲要》一书前言）

巨螳螂（该虫是竹节虫，现在学名*Diapherodes gigantea*，为单独的一目，即蟾目，该书出版的年代，竹节虫仍放于螳螂科，故有此名）

头部可随意转动，具颚，有丝状颚须。触角长有刚毛。翅膀4只，膜状，有卷曲，前翅叠起。前足扁平，下侧有锯齿，带有单爪。后侧4足光滑，用于行走。

胸部略圆，粗糙；前鞘短；腿部带刺。

巨螳螂是最大的螳螂类昆虫，非常稀少。绘图所用标本来自安波那岛。

Papilio Priamus.

London, Published as the Act directs by E.Donovan, Feb.y 1.st 1800

绿鸟翼凤蝶

翅边缘齿状，翅面光滑。前翅正面绿色，有黑色斑块。后翅有黑色斑点。

除天堂凤蝶在华丽方面也许能稍占上风外，绿鸟翼凤蝶是目前已知所有凤蝶中最美丽的物种。绿鸟翼凤蝶出自安波那岛，极为稀少，在当地荷兰昆虫爱好者中间价格不菲。几年前，我们有幸从已故的滕斯托尔先生手上谋得 2 枚保存非常完好的标本，他是在荷兰从一位曾经在安波那岛担任总督的收藏者手中购买的。图中绿鸟翼凤蝶正停留在一株含羞草上。

多诺万：印度昆虫记

安蒂噬药凤蝶（图1）

唇须2根，对称。舌螺旋状，外突。触角棒状。

翅有尾突；翅正面和反面均为黑色，具白色斑；后翅边缘有一排新月形红色斑。

噬药凤蝶极为独特，可算是印度最为稀少的凤蝶属物种之一。德鲁·德鲁里和卡尔·古斯塔夫·雅布隆斯基均在著作中描绘过。

Papilio antiphus（图2，现在学名*Pachliopta antiphus*，珠凤蝶属的一种，暂译为七星凤蝶）

翅有尾突；翅正面和反面均为黑色，后翅边缘有7枚新月形红色斑。

Papilio Antenor.   *Papilio Antiphus.*

London Published as the Act directs by E. Donovan March 1.ˢᵗ 1800.

Papilio Empedocles.   *Papilio Deiphobus.*

Papilio Lacedemon.

London Published as the Act directs by E. Donovan March 1. 1804.

苔美凤蝶（图 1）

翅有尾突，翅面褐色；翅反面基部有红色斑；后翅边缘有 7 枚近环形红色斑。

Papilio lacedemon（图 2，无中文译名，暂译为黑凤蝶）

翅有尾突，翅面黑色，边缘有白色新月形斑；后翅反面褐色，有黑色半月形斑。

Papilio empedocles（图 3，无中文译名，暂译为棕凤蝶）

翅有尾突，翅面棕色；前翅面有 1 条斑纹带和绿色斑点。

Papilio panthous（该种与前文*Papilio priamus*实为一种，现在学名*Ornithoptera priamus*，中名绿鸟翼凤蝶）

翅边缘齿状；前翅黑色，具白斑；后翅主体白色，具黑斑。

图中的蝴蝶正停留在双色日本月季上。主要出自安波那岛，极为稀少。

Papilio Panthous.

London Published as the Act directs by E.Donovan January 1ˢᵗ 1800.

Papilio Heliacon.   *Papilio Idaeus.*

London, Published as the Act directs by E.Donovan, Decr 1st 1800.

Papilio heliacon

（图1，无中文译名，暂译为海力凤蝶）

翅边缘齿状；前翅全黑色；后翅主体黄色，具黑色斑。

出自东印度群岛，标本在约瑟夫·班克斯准男爵处。

Papilio idaeus

（图2，现在学名*Papilio anchisiades idaeus*，拟红纹凤蝶）

翅边缘齿状，翅面黑色；前翅前缘有1条黄色斑纹；后翅具红色斑点，中间位置有3枚红色斑组成掌状纹。

出自马德拉斯。

LEPIDOPTERA.

Papilio Astyanax.   *Papilio Polymnestor.*

London, Published as the Act directs by E.Donovan Jan^y., 1800.

红斑凤蝶（上图）

    翅边缘齿状，翅面黑色；前翅面有 1 条白色分叉宽斑纹带；后翅具红色斑。

    法布里丘斯只在《昆虫系统》中描绘过红斑凤蝶，不能与他在《昆虫种类》中描绘的 *P. astyanax* 相混淆，后者是完全不同的物种，源自美洲。

蓝裙美凤蝶（下图）

    翅边缘齿状，翅面黑色；后翅后半部分为蓝色，具黑色斑点。

    这一极为精致的物种分布于亚洲部分地区，极为少见，但克拉默和雅布隆斯基都在著作中描绘过。

LEPIDOPTERA.

Papilio Ulyfses.

London. Published as the Act directs by E.Donovan. Feby 1st 1800.

天堂凤蝶

　　翅有尾突，翅面黑色；基部向外大部区域为蓝色；翅反面有 7 枚单眼状斑。

　　标本来自荷属香料群岛中的一个岛屿。

Papilio Evalthe.

London. Published as the Act directs by E.Donovan. March 1. 1813.

Papilio evalthe（现在学名*Xanthocastnia evalthe*，不是蝴蝶，是蝶蛾科的一种，暂译为黄斑圆翅蝶蛾）

翅面整体黑色；前翅有 2 条黄色斑纹带；后翅有 1 条黄色斑点带，并点缀有红色斑。后翅反面红色，有 1 排黄色斑点。

美丽，稀少。图中的植物为山牡荆树。

贾丁、邓肯：异域的蝴蝶

作　者

James Dunken

詹姆斯·邓肯

书　名

The Naturalist's Library by William Jardine, Vol. 31

Entomology Foreign Butterflies

贾丁编《博物学家图书馆》（第 31 卷）

《昆虫学异域蝴蝶卷》

版本信息

1858, Edinburgh: W. H. Lizars, 3, James' Square.

London: Henry G. Bohn, York Street, Covert Garden

威廉·贾丁

威廉·贾丁（1800—1874），出生于苏格兰爱丁堡，苏格兰博物学家，因编辑长篇自然历史学系列著作《博物学家图书馆》而闻名，在英国南部怀特岛去世。

贾丁是贝里克郡博物学家俱乐部的共同创办人，还参与了约翰·雷协会的创办。他极为"痴迷于野外运动，骑马狩猎都是一把好手"。他尤其喜欢鸟类学，同时研究鱼类学、植物学和地质学，还写过一本关于遗迹学的著作。他的私人自然历史博物馆和图书馆据说是当时整个英国最好的。

从 1833 年到 1843 年，贾丁编辑发行了长达 40 卷的《博物学家图书馆》，广受欢迎，使得维多利亚时代的英国各个阶层都有机会接触到博物学。这一系列著作

聚焦四大主要领域：鸟类学（14卷），哺乳动物学（13卷），昆虫学（7卷）和鱼类学（6卷）。撰写人均为各领域顶尖学者，昆虫学各卷由詹姆斯·邓肯撰写。书中插图由包括爱德华·利尔在内的画家绘制。整套书在爱丁堡出版。

贾丁编辑的其他著作还包括新一版的吉尔伯特·怀特的《塞耳彭博物志》（该书重新确定了怀特的历史地位）、《鸟类画册》以及新一版的亚历山大·威尔逊的《美洲鸟类》。

威廉·贾丁画像

詹姆斯·邓肯

詹姆斯·邓肯（1804—1861），苏格兰博物学家。

詹姆斯·邓肯画像　　《昆虫学异域蝴蝶卷》扉页

THE

NATURALIST'S LIBRARY.

ENTOMOLOGY.

Stewart del.   Lizars sc.

The Endymion Butterfly.   The Condomanus Butterfly.

LONDON, HENRY G. BOHN.

YORK STREET, COVENT GARDEN.

《昆虫学异域蝴蝶卷》扉页

　　　　　　　　　　贾丁、邓肯：异域的蝴蝶

各种颜色相互搭配融合，形成优雅、和谐的图案，使得蝴蝶成为大自然中已知的最为绚烂的物种。

相对温带地区，热带地区物种在尺寸和外形上具有的优势，在蝴蝶领域体现得淋漓尽致。英国的确拥有颜色极为丰富、绚丽的蝴蝶物种，但与巴西和东亚相比，却又显得微不足道。虽然英国蝴蝶在形态上也很丰富，但依旧完全无法与活动在温度更高地区的蝴蝶相比。英国很少有蝴蝶的后翅向后大幅延伸，形成尾突，但在有些国家，这样的蝴蝶很常见，有的尾突又细又长，有的尾突又宽又有弧度，还有个别物种每片翅膀带有不止三四条尾突。不仅外形多样，它们的色彩更是无所不有，从最绚丽的颜色，到最暗淡的颜色，各种颜色相互搭配融合，形成优雅、和谐的图案，使得蝴蝶成为大自然中已知的最为绚烂的物种。

的确，蝴蝶的颜色千变万化，这显而易见，但同时必须指出，每个主要种类的蝴蝶总体具有其独特的色彩和相对比较统一的色彩结构，换言之，任何形态颜色上的变化都有总体上的依据。比如，粉蝶属多为白色；豆粉蝶属和黄粉蝶属多为程度不同的黄色，从最淡的硫黄色到红赭石色；豹蛱蝶属无一不是黄褐色或红褐色，个体不同之处在于波状的黑色斑纹或斑点，翅反面多具银色斑纹或斑点；欧洲锯凤蝶属蝴蝶多具黑色和红色斑纹格或斑点；锯蛱蝶属蝴蝶翅反面上如象形文字般的图案则在所有蝴蝶种类中都是独一无二的。

可以想象，对于具有飞行能力的动物来说，日间活动的鳞翅类昆虫的活动范围要比其他很多昆虫（比如鞘翅目昆虫）更大。我们已经能够确定，遍布欧洲的麻小红蛱蝶同样分布于塞内加尔、埃及、好望角、波旁岛和马达加斯加群岛、孟加拉、中国、爪哇、新荷兰、巴西以及北美，真可谓是世界蝴蝶物种。在世界上的四个主要区域中，欧洲的蝴蝶物种最为贫瘠，非洲次之，包括印度群岛在内的亚洲以及美洲拥有最多的蝴蝶物种。相比大陆地区，岛屿更加多产，比如，鸟翼凤蝶，体形最大、颜色最为绚丽的几种粉蝶，以及最为耀眼的几种闪蝶属蝴蝶均是以岛屿作为栖息地。南美洲拥有

本书中献给拉马克的题献页

的蝴蝶数量最多，而一向以动植物种类繁多著称的巴西，应该是这片新大陆上拥有蝴蝶种类最多的国家。

（编译自詹姆斯·邓肯《昆虫学异域蝴蝶卷》一书前言）

　　　　　贾丁、邓肯：异域的蝴蝶

PLATE 1

　　图中左下蝴蝶为绿鸟翼凤蝶，雌雄外观差别巨大，之前一直被当作两种不同的蝴蝶，二者的真实关系直到最近才得以确定。

　　雄蝶前翅深黑色，各有两道横向绿色宽条纹，翅面微曲，边缘收缩，横向条纹间有一块褐色横向大斑。后翅绿色，边缘黑色，各有4处较大黑色圆斑，黑色斑与边缘之间有2处橙色斑，翅基部还有1处更大的橙色斑。前翅反面有 1 道绿色金属光泽纹路带，上有楔形斑点，靠近中心处有形状不规则斑纹，边缘处有 2 道纹路。后翅反面与正面相似，只是绿色中多了一些金色，圆斑更大、数量更多，有 7 处。触角、头部和胸部均为黑色，两侧有红色斑，腹部亮黄色。

雌蝶体形更大，翅展可达 8 英寸（约 20.3 厘米）。主色为暗褐色，向边缘处颜色加深。前翅有横向白色斑纹，斑纹各不相同。后翅有 6 条较大楔形斑纹呈曲线排列，颜色为白色带黑点，翅基部稍显黄色，后翅中央有 1 黑色圆形斑。头部和胸部全部为黑色，腹部背面为黄白色，腹面为深黄色。

绿鸟翼凤蝶在安汶岛和塞兰岛均有发现。据观察，绿鸟翼凤蝶偏好芒果树，据此推测，它们应该是把卵产在树叶上，孵化为幼虫后以树叶为食。绿鸟翼凤蝶数量不多，标本稀少。爱丁堡大学博物馆藏有雌雄双型的珍贵标本。

图中 2 号蝴蝶为海滨裳凤蝶，是体形最大的蝴蝶种类之一，有的翅展达到将近 8 英寸（约 20.3 厘米）。前翅黑色，带些许绿色光泽，有灰白宽条纹沿第 2 翅脉两侧排列。后翅正面深褐色，反面亮白色，边缘黑色、弯曲、间有 7 枚形状不规则、由外向内逐渐减小的金黄色斑。图中为雌蝶，金黄色斑相对校大，类似于楔形，除最外侧的那个之外，都有椭圆形黑色斑点。腹部背面亮黄色，腹面颜色稍淡，具不规则黑色斑。头部、胸部和触角均为黑色。

这种体形优美的蝴蝶的故乡在安汶岛。

图中 1 号蝴蝶为美凤蝶。美凤蝶前翅翅展大约 5 英寸（约 12.7 厘米），整体黑色，有大量灰白色纵向斑纹，每条斑纹基部有血红色或土黄色三角形斑点。后翅外缘波状，波谷有白色窄斑纹；翅面主体白色，由暗色翅脉分割；翅尾部有一排卵圆形或圆形黑色斑，其中臀角处黑色斑较其他位置稍小，周围有延展接近外缘的黄褐色斑纹环绕。翅反面基部有红色或土黄色斑点，体黑色，前胸部具少量白色斑点。

以上描述的是雌性美凤蝶。美凤蝶雌雄两性差别极大，以至于雌蝶此前一直被当作是完全不同的另一种蝴蝶。若非人们从同一种幼虫将其饲养出来，很多人根本无法把它们联系到一起。雄蝶基部完全没有红色斑，整体黑色中带有绿色光泽。前翅反面基部有 1 枚红色或土黄色斑，后翅相同位置也有 4 枚类似的红色小斑。后翅前部深黑色，后部灰色，灰色部分有 2 排深黑色圆斑，臀角处黑色斑有黄色斑纹环绕。

美凤蝶见于中国和印度洋各岛，相对常见。

图中 2 号蝴蝶为红心番凤蝶。红心番凤蝶可以代表一大群栖息在南美的蝴蝶种类，它们具有相似的独特外形和特征。前翅完全打开时两个顶角间的距离比前翅前缘到后翅后缘之间的距离大一倍，换言之，翅膀完全打开时，宽度是长度的 2 倍。翅面整体深黑色，前翅臀前区有一两枚亮色斑纹，后翅中部有 1 枚血红色巨大斑纹，后翅外缘齿状明显，但无尾突。

就红心番凤蝶而言，前翅翅展 3.25 英寸（约 8 厘米），黑色，带天鹅绒光泽，向顶角方向颜色变淡，臀区带 1 枚绿色四边形巨大斑纹，朝臀前区方向有 3 枚暗白色小斑。后翅也为黑色，带天鹅绒光泽，上有 1 枚形状不规则深红色巨大斑纹被黑色翅膀分割为几个小红斑，后翅外缘带钝齿状外突，长短不一，每个外突间有红色斑。前翅反面有 5 枚椭圆形玫瑰色斑纹，不规则横向排列。体黑色，胸两侧带红色斑。

目前被普遍认定的雌性红心番凤蝶（尚无定论）在特征上与以上描述有很大不同：前翅顶角处弧度更圆，翅面上只有 1 枚斑纹，为亮绿色；后翅外缘外突间的斑纹带有白色。

红心番凤蝶在苏里南产量巨大，在南美其他地方应该也能见到。

PLATE 2.

1.Papilio Memnon. 2. Pap. Æneas.
China.   Surinam.

Lizars sc.

PLATE 3.

Lizars sc.

1. Papilio Ascanius. 2. Pap. Paris.

Brazil.   China.

图中 1 号蝴蝶为阿番凤蝶。阿番凤蝶可被视为南美蝴蝶的另一种类型，与前面的红心番凤蝶在整体外形和色彩分布上，有相似之处，但不同之处也很明显。阿番凤蝶后翅更长，带长尾突。

图中所画阿番凤蝶翅正面深黑色，反面褐色。前翅具白色横向宽纹路带，纹路带跨越多支黑色翅脉，接近外缘处为弓形，向外还有两三枚白色小圆斑。后翅同样具白色横向宽纹路带，前部为白色，后部呈洋红色；靠近边缘处有与边缘平行的一组红色窄斑纹，微呈新月形；尾突较长，黑色。体黑色，胸部和腹部两侧有红色斑点。

这种美丽的蝴蝶在巴西北部地区较为常见，但在南部正在变得稀少。

图中 2 号蝴蝶为巴黎翠凤蝶。天堂凤蝶、碧凤蝶、波绿翠凤蝶、丝绒翠凤蝶、小天使翠凤蝶以及巴黎翠凤蝶自然而然形成一个群体，分布在东亚地区和印度群岛各岛屿。它们的翅膀和尾突较宽，加上全翅颜色整体相对较深，具有一种厚重感，但同时，丰富的斑纹又减弱了这种厚重感。

图中蝴蝶来自中国，虽然在中国也并非特别常见，但还是有很多标本从中国流出。翅展大约 4 英寸（约 10 厘米），翅面整体黑褐色，前翅外缘臀角附近具由金绿色细小斑点聚集浓缩而成的两三枚斑纹。后翅中部具一大块碧蓝色斑纹，与斑纹后部齐平的位置具一组由金色细小斑点聚集浓缩而成的条状斑纹，臀角处有 1 枚环形红色斑。尾突黑色。体黑色，像翅膀一样，带细小斑点。

雌蝶的区别在于整体颜色更深一些，具 1 条从内侧延展到中间位置的横向斑纹。

图中的两种蝴蝶突出展示了凤蝶属蝴蝶的一个形态特征，而欧洲昆虫学家对这一特征并不陌生，因为美丽的欧洲杏凤蝶便具有这个特征。那就是，后翅向后延伸，形成又细又长的尾突，因此又被称为燕尾。这些蝴蝶整体颜色大多为淡色，比如淡黄色或绿色，翅面具大量暗褐色或黑色横向斑。它们在世界大部分地区都能见到，但以巴西和美洲其他地区数量最多。

1 号蝴蝶为大白长尾凤蝶。大白长尾凤蝶是巴西最常见的凤蝶种类之一。翅展将近 4 英寸（约 10 厘米），翅正面淡白色，近乎透明。上翅基部微带绿色，翅面具 7 道黑色横向细斑纹带，起始于翅前缘，靠近基部的五道较短，第 6 道一直延伸到臀角位置，在这里与顺外缘而下的第 7 道斑纹汇合。下翅外缘处为黑色，中间有 2 排淡白色半月形斑纹穿过，臀角具深红色横向明亮斑纹。尾突长而细，镶有白边，基部有两三处由细小斑点组成的灰蓝斑纹。翅反面最大的区别在于，靠内的两条斑纹带一直延伸到臀角处汇合，最靠外的斑纹带与 1 条深红色斑纹带汇合。体白色，背部有 1 道黑色宽斑纹带，侧面有 1 道，腹部 3 道。

2 号蝴蝶为马赛指凤蝶。体形相比大白长尾凤蝶要小很多，翅展最多不过 3 英寸（约 7.6 厘米）。翅面黑色，具数道淡绿色斑纹带，其中 2 道朝向基部延伸，穿过前后翅，第 3 道又细又短，第 4 道形成宽阔的中心斑纹带，前侧再分出两道斑纹，向后一直延伸到后翅中部。前翅靠外有 2 条横向斑纹，近边缘处有与边缘平行的一排斑纹。后翅边缘也有新月形斑纹以相似形式排列，臀角有斜向朱红色斑纹。尾突较长，呈流线型，黑色。翅反面褐色，图案与正面相似，但中部有 1 道红色窄斑纹，红色斑纹两侧有黑色斑纹带，在臀角处与白色斑纹交汇。体黑色，胸部有 2 道白色斑纹，腹部背面具白色环纹，腹面具灰白色环纹。

常见于佛罗里达和南美洲。

PLATE 4.

1.Papilio Protesilaus. 2.Pap. Sinon.
Brazil.   Jamaica.

Lizars.sc.

PLATE 5.

1. *Leptocircus Curius.* 2. *Thais Medesicaste*   *Lizars sc.*

1 Java.   2 Europe &c.

图中 1 号蝴蝶为燕凤蝶。斯温森先生收到来自遏罗（今泰国）和爪哇岛（每个博物学家都会派人到这两个地方收集昆虫）的这一蝴蝶种类标本后，最先将之确定为凤蝶。从外观看，它很像蚬蝶，但对翅脉、唇须、触角、足部结构进行检查之后（对雌雄双性均进行了检查）发现，它显然更接近于凤蝶。头部和躯体粗壮；腹部较短；复眼较大且突出；唇须非常短，节点不明显；触角较长，顶部变粗，稍微向上弯曲。前翅接近透明，中室为闭式。后翅纵向叠起，向后延伸，形成长长的尾突，尾端弯曲。根据已知种类标本测量，翅展大约 1.5 英寸（约 3.8 厘米）；前翅基半部为黑色，中间有蓝色宽斑纹带穿过；端半部为三角形，透明；翅脉和外缘黑色。下翅黑色，中间有蓝色宽斑纹带穿过并与前翅的斑纹带汇合。翅反面基部均为白色，后翅对应腹部的位置具 3 枚白色弯曲斑纹。腹部白色，每侧有 2 排黑色斑点。雌蝶翅面斑纹带为白色。

这一形态奇特的蝴蝶几年前还甚少能够见到，现在相对容易见到。

图中 2 号蝴蝶为锯凤蝶。锯凤蝶属蝴蝶主要分布于南欧各国、非洲北部以及小亚细亚地区。这一属的蝴蝶体形中等，翅面颜色分布特别，易于辨认，一般基色为黄色，具红色和黑色斑点，外缘为暗色花彩斑纹。3 根唇须长短接近，触角较短，顶部弯曲。体纤细，后翅在腹部边缘处向下弯曲，好像是为了给腹部留出活动的空间。幼虫体形短，长满刺须和短毛，第一节处具分叉触须。幼虫或单独或小群体寄居在马兜铃属植物叶片上。

图中蝴蝶可能属于缘锯凤蝶的一个变种。翅面淡土黄色，前翅外缘有黑色斑纹带，被一列 8—9 枚黄色斑纹分隔。前翅边缘有几枚黑色不规则形状横向斑纹带，有些斑纹带中间有红色圆斑。后翅外缘为黑色花彩斑纹，后翅面有 3 处红色斑纹，1 处在臀区，1 处在中室上部，1 处靠近外缘，最后一处一般呈现为数个斑点连接到一起的斑纹带。体黑色，具数道土黄色斑纹。

幼虫寄生在大藻马兜铃上。幼虫颜色有时为黄红色，有时为褐色或黄绿色，具数道黑色条斑。体上有 6 排橙黄色枝刺，顶部为黑色。

见于法国南部朗格多克和迪涅地区。

图中 1 号和 2 号蝴蝶为黑脉斑粉蝶。这一美丽蝴蝶所属的蝴蝶种类栖息在印度大陆和相邻岛屿。翅展大约 3 英寸（约 7.6 厘米），前翅面白中略微带蓝，边缘为宽黑色带，点缀有一列椭圆形大斑。后翅颜色相对明亮。前翅翅脉上覆盖有黑色宽斑纹，使得翅脉尤其显眼，雌蝶的后翅情况与此类似。前翅反面与正面相似，区别在于顶角处有 3 枚斑纹，雄蝶斑纹为黄色，雌蝶斑纹为亮黄色。另外，后翅反面下部为亮黄色，翅脉黑色，外缘有一排椭圆形或类似于心形的猩红色大斑纹，斑纹周围有白色斑纹环绕。体白色。

常见于孟加拉以及更靠近亚洲东部的地区。

图中 3 号蝴蝶为 *Pieris philyra*（无中文译名，暂译为啡粉蝶）。图中展示的是雌蝶的反面特征。雄蝶翅正面白蓝色，外缘黑色，前翅顶端有 1 处黑色斑块，被一排拱形排列的白色椭圆形斑点分割。雌蝶翅正面为近黑色，靠近身侧一半为浅白色，顶角处有白色椭圆形斑。雌蝶和雄蝶反面均为黑色，前后翅靠近身侧一半均为黄色，具黑色细小斑点。前翅中室边缘具 1 枚白色小斑，下部有一排黄色椭圆形斑纹，靠近前缘的斑纹面积更大。后翅从中部开始出现 7 条楔形红褐色长条斑纹，随着斑纹向尾端延伸，颜色稍微变淡，由于颜色足够明亮，有时，从中室中部往下的翅面看起来整个都像是红褐色的。翅脉上覆盖有黑色宽斑纹，使得翅脉尤其显眼。翅面边缘为黑色。

栖息地在安汶岛和新几内亚。

PLATE 6.

1.&2.Pieris Epicharis. 3. P. Philyra.
India.   Amboina.

Lizars sc.

PLATE 7.

Lizars sc.

1. Java.
2. Cape.
3. Amboina.

1. *Pieris Belisama.*
2. *Anthocharis Danai.*
3. *Iphias Leucippe.*

图中 1 号蝴蝶为伯利斑粉蝶。伯利斑粉蝶是一种色彩素淡、形态美丽、多产于东亚和相邻岛屿的蝴蝶。一般来说，它的体形要比普通纹白蝶大三分之一，但也有体形小的。雄蝶翅正面为黄白色，前翅外角和前缘脉部分均为黑色，后翅边缘也为黑色。雌蝶翅正面黑色区域比例更大，剩余区域为土黄色。雄蝶雌蝶前翅反面均为黑色，顶角处具数枚黄色斑纹，中室端部具 1 小条白色横向斑纹。后翅反面为亮黄色，稍微偏向橙色，内缘有锯齿状黑色斑纹，具 1 排黄色圆斑，基部有 1 条与边缘平行的红色横向斑纹带。体白色，触角黑色。

　　常见于爪哇岛、安汶岛和苏门答腊岛等地。

　　图中 2 号蝴蝶为红襟粉蝶。雄蝶翅正面纯白色，前翅顶角位置具 1 枚三角形亮红色大斑纹，斑纹内侧是 1 道斜向黑色斑纹带，翅脉黑色，中室端部具 1 枚黑色斑点。后翅边缘为黑色斑纹带，宽窄不一，有时为间断的斑点。翅反面总体为白色，但非纯白色，中室端部具 1 枚黑色斑纹，后翅中室有红褐色斑纹穿过。前翅顶角红黄色，有一排曲线排列的黑色斑点穿过，黑色斑点穿过后翅，一直延伸到臀角位置。雌蝶不同之处在于，翅面基部有一大块暗色区域，黑色斑纹带更宽，内边更整齐。有些雄蝶后翅面上完全没有黑色斑纹带。

　　多见于东印度和好望角等地。

　　图中 3 号蝴蝶为 *Iphias leucippe*（无中文译名，暂译为红翅粉蝶）。体形最大的粉蝶物种之一，翅展能达到 4 英寸（约 10 厘米）。前翅亮红色，基部黄绿色，翅脉和边缘部分黑色，雌蝶翅面外缘附近具 1 排与外缘平行的黄褐色斑点。后翅淡黄色，雌蝶翅面边缘为齿状、黑色，内侧通常有 1 圈黑色斑纹，但雄蝶只是在近外缘处有一两枚黑色斑纹。雌蝶和雄蝶翅反面均为黄褐色，具黑色斑点和横向暗色斑纹，雌蝶斑点和斑纹数量尤其庞大。头部和胸部为褐色，腹部淡黄色，触角黑色，触角顶部红色。

　　栖息地在安汶岛。

图中 1 号蝴蝶为*Callidryas eubule*（无中文译名，暂译为大黄粉蝶）。雄蝶翅正面淡黄色，外缘具 1 条颜色稍深的窄斑纹带，前后翅边缘每隔一段距离有 1 枚锈色斑点。翅反面红色或黄褐色，前翅中室端部有 2 枚赤褐色斑纹，另外，有 1 条弯曲斑纹向外缘处延伸。后翅反面同样有 2 枚圆形斑纹，斑纹中心为银色，四周被赤褐色斑纹环绕。雌蝶翅正面同样为淡黄色，稍偏于橙色，下翅更圆，边缘为橙色，有横向褐色斑纹带穿过。圆形斑纹的位置和外观与雄蝶相似，翅反面为深土黄色。体黄色，胸部有绿色毛刺，触角和唇须玫红色夹杂着褐色。

幼虫如 2 号图所示，体绿色，具黑色小斑点，体两侧各有 1 条黄色斑纹，黄色斑纹上侧又有 1 条蓝色斑纹。蛹如 3 号图所示，也是绿色，最终变为褐色。

在圭亚那、巴西以及美洲很多其他地区都很常见。

图中 4 号蝴蝶为墨西哥黄粉蝶。这一蝴蝶物种不久前在墨西哥被发现，相当稀少。翅正面为明亮的淡黄色，前翅外缘具黑色宽斑纹带，斑纹带从外缘向两个方向一直延伸到前缘和后缘的中间位置。后翅外角较尖，有些像未生长完全的尾突，外缘具黑色宽斑纹。前翅反面暗黄色，中央有 1 枚黑色斑纹，外缘微带红色。后翅反面黄色，上有赤褐色小斑点，中央有 1 枚黑色斑纹，外角具 1 枚赤褐色斑纹，翅面后半部分另有 4 到 5 枚赤褐色斑纹，有时这些斑纹形成不规则的横向斑纹带。上述描述的是雄蝶特征，雌蝶翅正面黄白色，黑色斑纹带更宽，后翅前缘部分橙黄色。

PLATE 8.

1. *Callidryas Eubule with Cater. & Chrysalis.* Brazil.
4. *Terias Mexicana.* Mexico.

Lizars sc.

PLATE 9.

1. *Euploea Limniace*. E. Asia.
2. _____ *Plexippe*. China &c.

Lizars sc.

图中 1 号蝴蝶为青斑蝶。青斑蝶翅展近 4 英寸（约 10 厘米），翅正面深黑色，布满亮绿色斑纹和斑点，偶尔夹杂一些白色斑纹或斑点。靠近基部有纵向绿色斑纹带，向外是绿色圆斑，最外侧具有时排为 1 列的小块圆斑。翅反面形态与正面相似，但后翅基色和前翅顶角区域均为淡褐色，绿色斑纹的色彩也更淡。翅脉显白色，后翅边缘外突明显。胸部黑色，具大量白点，腹部腹面黄色。

广泛分布于亚洲东部各国和相邻岛屿。

图中 2 号蝴蝶为黑脉金斑蝶。黑脉金斑蝶可以作为一个成员众多的蝴蝶种类的代表，它们特征突出，色彩奇特，形态统一。翅面基色为栗色和褐色，色彩深度差别较大，翅面边缘为黑色，点缀有白色斑点，另有黑色宽斑纹带顺翅脉延展。这些蝴蝶在过去和现在都较为常见，其中一些物种数量丰富。

黑脉金斑蝶常见于东印度和中国，以及爪哇岛和锡兰（今斯里兰卡）等海岛地区，数量丰富。翅正面为淡栗色和淡褐色，前翅和后翅边缘为黑色宽斑纹带，前翅整个顶角区域都被黑色斑纹所占据，前后翅外缘斑纹带点缀有 2 排白色小斑点，前翅顶角黑色区域内有一条由 5 枚斑纹组成的白色斑纹带斜跨在翅脉上。白色斑纹带与前缘脉中部之间有些白色小斑点。翅脉上覆盖有黑色宽斑纹，使得翅脉尤其显眼。翅反面的不同之处在于，前翅顶角处的白色斑纹带与翅面外缘之间的部分为棕灰色，后翅基色为浅茶色，后翅翅脉两侧有白色窄斑纹。腹部颜色与翅正面颜色接近，胸部和头部黑色，具白色斑点，触角黑色，触角顶端锈红色。

图中 1 号蝴蝶为 *Idea agelia*（现认为是 *Idea idea* 的同物异名，无中文译名，暂译为大白帛斑蝶）。翅展从 6 英寸到 4.5 英寸（约 15 厘米至 11 厘米）不等。翅正面灰白色，翅脉黑色，外缘有黑色带，中间被 1 列椭圆形白色大斑纹分割。翅面前部翅脉之间有 1 条黑色纵向斑纹带。前翅中部有 4 枚黑色形状不规则斑纹，1 枚位于前缘脉，另外 3 枚组成一个简单的拱形。翅反面与正面差别不大，只是黑色斑纹带更宽，中室位置多出 1 枚黑色形状不规则大斑。体白色，背部具 1 条黑色条纹，胸部具 2 条竖向黑色条纹和 2 条横向短条纹，腹部两侧分别有 1 条竖向暗色斑点，触角黑色。

产于爪哇岛、安汶岛以及亚洲其他岛屿。

图中 2 号蝴蝶为 *Idea daos*（无中文译名，暂译为小白帛斑蝶）。这一蝴蝶精致、优雅，可以说是体形最小的蝴蝶物种，翅展不足 4 英寸（约 10 厘米）。翅面基色为暗白色，翅面外侧具 2 排圆形斑纹，中室端部附近也有 1 列斑纹，另外，前缘脉附近有几枚黑色小斑点。腹部为全白色，胸部具 2 条靠在一起的黑色条纹和数枚黑色斑点，触角黑色。

产于加里曼丹岛。

PLATE 10.

1. Idea Agelia. 2. Idea Daos.

Pearse.

休伊森：异域蝴蝶新种类

作　者

William Chapman Hewitson

威廉·查普曼·休伊森

书　名

Illustrations of New Species of Exotic Butterflies

《异域蝴蝶新种类插画》（第 1 卷）

版本信息

1851, London, John Van Voorst

威廉·查普曼·休伊森

威廉·查普曼·休伊森，英国博物学家，1806 年 1 月 9 日出生于纽卡斯尔，1878 年 5 月 28 日去世。作为一名富有的收藏家，他尤其钟爱收藏鞘翅目和鳞翅目昆虫标本，也对鸟巢和鸟蛋很感兴趣。他主要通过向旅居海外的人购买的方式丰富自己的蝴蝶标本，他的收藏可算是那个时代最为庞大和重要的收藏之一。休伊森还是一名出色的插图画家。

休伊森在约克接受教育，之后成为一名土地测量员，曾一度在伦敦到伯明翰的铁路上工作。由于身体不佳，在从一名亲戚那里继承了一大笔遗产之后，他放弃了这份工作，转而专注于科学研究。

ILLUSTRATIONS

of NEW SPECIES of

EXOTIC BUTTERFLIES,

SELECTED CHIEFLY FROM THE COLLECTIONS

of

W. WILSON SAUNDERS AND WILLIAM C. HEWITSON.

BY

WILLIAM C. HEWITSON.

VOL. I.

JOHN VAN VOORST, LONDON.

MR. W. C. HEWITSON.

威廉·查普曼·休伊森画像　　　　　《异域蝴蝶新种类插画》扉页

　　休伊森是成立于1829年的诺森伯兰－达勒姆－纽卡斯尔博物学学会发起人之一，1846年加入伦敦昆虫学学会，1859年加入伦敦动物学学会，1862年加入林奈学会。

　　休伊森出版过多部昆虫学和鸟类学著作，包括《英国动物学》、《异域蝴蝶新种类插画》（五卷本）、《鳞翅目灰蝶科蝴蝶插画集》（负责第一卷文字说明和第二卷插画绘制）、《百种弄蝶科蝴蝶新物种赏析》以及《大英博物馆灰蝶科蝴蝶标本目录》。

我们热爱和研究这些优雅的生物，不仅仅是为了保护它们，也让我们自己在前行的道路上有了一盏明灯。

　　虽然这本现已基本完结的异域蝴蝶系列第一卷，从金钱的角度来看，恐怕很难说成功，但我们不会犹豫，会接着推出第二卷。我们也有足够的资料和素材再编出一本书来，即使遭受损失，我们也愿意承受，毕竟可以为我们热爱的科学奉献一点力量。我们希望这些美好的事物不仅自己能欣赏到，其他博物学家也能欣赏到。

　　共计有 217 种蝴蝶已经确定为新物种，我确信它们是不同的物种，相信它们能够经受得住检验。对于如今法国和英国很多博物学家（尤其是鸟类学家）热衷于特意夸多种类，我认为毫无益处，也坚决反对。他们明明知道有些蝴蝶种类，虽然外观差别很大（有些甚至在世界范围内都很相似），但无疑属于同一种类，却仅仅依据斑点的多少和地域分布上的不同，凭空发明出新的种类。我认识到需要尊重专门研究某一蝴蝶类群的人的意见，比如，我就曾在对某些蝴蝶（*Ithomias*）进行更加深入的了解后，推翻了自己之前的判断，才意识到自己也缺乏良好的判断力。的确，我对自己收藏的标本已经太过熟悉，在它们与同类其他蝴蝶标本区别并不明显的情况下，还是不自觉地过度关注于区别，把它们当成了不同的蝴蝶种类。沃拉斯顿先生曾将我们在博物学方面的进步与对山川的探索进行对比，在后者方面，虽然尚无明确定义，但我们正在发现未曾预料到的美，也许这是因为我们的眼睛经过了"训练"。

　　在把这些图画带给读者之际，我希望大家都能像我一样感受到这些美丽的昆虫带来的乐趣，希望我们对待它们的态度不再是厌恶，而是接纳。

　　我们热爱和研究这些优雅的生物，不仅仅是为了保护它们，也让我们自己在前行的道路上有了一盏明灯，让我们热爱和珍惜这个美妙的机会。让我们想一想，这将是一个多么美妙的世界，在这个并非永恒的世界里，那么细微之处却能带给我们如此绚烂的美丽。我想，这些美妙的生物将开始带给我们巨大的愉悦。

　　对于书中存在的错误，有些肯定是出于我的疏忽，我在此表示歉意，有些则很难

休伊森：异域蝴蝶新种类

避免，毕竟我们对这些昆虫的研究还需要深入。

虽然负责本书图画绘制的斯坦迪什先生已经格外小心翼翼，版 7 的部分颜色有点过重，38、39 和 40 号蝴蝶的颜色则过于偏白。

（编译自休伊森《异域蝴蝶新种类插画》一书前言）

红领鸟翼凤蝶（右页图 1）

图中所示为雄蝶、翅正面黑色，有 1 条金绿色纵向宽斑纹带从前翅顶角附近一直延伸到后翅内缘。前翅具 7 条指向翅外缘的戟状斑纹。后翅在中间区域被黑色翅脉分割为若干区域。像其他一些凤蝶科蝴蝶一样，翅内缘具 1 轭区。

前翅反面前缘脉基部有 1 条蓝色斑纹线，中翅脉下侧有 1 条纵向斑纹带，斑纹带由 4 枚斑纹组成，第 1 枚斑纹始于基部，始为蓝色，止为绿色，后面 3 枚大斑纹为矢形，箭头朝上。后翅反面在基部附近前缘脉下方有 1 条斑纹，在外缘附近有 1 条与外缘平行、由数枚三角形或钻石形灰色斑点组成的斑纹带。前后翅基部均带 1 枚猩红色斑纹。

体具 2 道圆圈状深红色斑纹。翅展 6.7 英寸（约 17 厘米）。栖息地在加里曼丹岛。标本藏于威廉·查普曼·休伊森处。

注：红领鸟翼凤蝶与其他鸟翼凤蝶属蝴蝶有很大区别。除外形上的差别外，它的翅内缘位置还具 1 轭区，这是其他一些凤蝶科蝴蝶的特征，而且它的轭区还比一般蝴蝶的轭区更大，打开时，宽度达半英寸（约 1.3 厘米）。*

黑斑纹凤蝶（右页图 2）

翅正面白色。前后翅前缘脉、外缘、翅脉（中翅脉很宽）以及与外缘平行的 1 排新月形斑纹均为黑色。前翅顶角位置大体为黑色。前翅中室部位的纵向模糊条纹、从中间穿过中室的宽斑纹带、中室外端的宽斑纹带以及 1 枚模糊的大斑纹均为黑色。后翅面上的纵向斑纹和中室边沿处的大斑纹均为黑色。前后翅外缘均有新月形或长方形白色斑纹。

翅反面与正面的不同之处在于，后翅臀角处有 1 枚黑色小斑纹。翅展 5.7 英寸（约 14 厘米）。栖息地在菲律宾群岛。标本藏于大英博物馆。

注：凤蝶属蝴蝶形态各不相同、色彩搭配多样，而黑斑纹凤蝶可算其中的佼佼者。

★　本书中红色注释均为原注。

W C Hewitson del et lith 1855.

Printed by Hullmandel & Walton.

1. ORNITHOPTERA BROOKEANA Wallace.　　2. PAPILIO IDÆOIDES. Gray

W. C. Hewitson, del. et lith. 1858.

Printed by Hullmandel & Walton.

7 PAPILIO WALLACEI.   8 PAPILIO ONESIMUS.

华莱士凤蝶（图7）

翅正面深绿色和深褐色，具大量白色斑点。前翅中央有1条斑纹带纵向穿过，斑纹带由9枚斑纹组成，斑纹大小不一，越靠近顶角处尺寸越小。紧靠内缘的第1枚斑纹为亮绿色，第2枚斑纹有部分为亮绿色，其他斑纹为白色。基部有1条亮绿色斑纹，中室内有6枚狭窄斑纹，中室边上有2枚斑点，前缘脉边缘有1枚斑纹，前翅中央斑纹带与外缘之间有一排白色斑点。后翅从基部到中间位置为淡褐色，中室位置有1枚新月形亮绿色斑纹，该斑纹与前翅的斑纹带相接。中室下部有1枚黑色斑点，亚前缘脉之间有1枚新月形白色斑。

翅反面淡褐色。前翅反面与正面相似，区别在于，有1条淡褐色斑纹带穿过中室中央，中室边缘为淡紫色，中央斑纹带下侧还有1条被黑色斑点分隔的淡紫色纵向斑纹带，黑色斑点将中央斑纹带的斑点与白色小斑点连接到一起。后翅基部附近有2枚亮绿色斑纹，中间有蓝黑色斑纹带隔开，带2枚深红色斑。中室边缘附近有1枚新月形淡紫色斑，外侧有1排黑色斑点，黑色斑点之间有翅脉相隔，每个斑点下沿为白色。

翅展4英寸（约10厘米）。栖息地在新几内亚。标本藏于阿尔弗雷德·拉塞尔·华莱士处。

Papilio onesimus（图8，无中文译名，暂译为旺斯凤蝶）

翅正面白色。前翅边缘、翅脉以及顶角附近翅脉之间的线条均为褐色。中室部分区域和翅面靠下区域有大量褐色细小斑点。后翅中部以下位置为深褐色，双向翅脉交叉的位置颜色最淡，中翅脉之间的位置颜色最深（形成椭圆形大斑），靠近外缘且与外缘平行的位置有1排新月形斑纹，最靠近顶角的2枚斑纹为亮橙色，臀角位置的1枚为橙黄色，其他各枚也稍带橙色。

翅反面的区别在于，中翅脉之间有1枚深褐色长方形斑纹，附近区域为蓝色和黑色，嵌有淡蓝色新月形细小斑点。

翅展5.5英寸（约14厘米）。栖息地在新几内亚。标本藏于威廉·查普曼·休伊森和W. 威尔逊·桑德斯处。

注：*Papilio onesimus*和华莱士凤蝶（我根据它的发现者阿尔弗雷德·拉塞尔·华莱士进行的命名）均出自新几内亚。可以说，在我们收到的来自东方的昆虫当中，它们是顶级精美的。对英国人来说，除了法国航海中描绘的新奇事物外，很多都是我们见所未见的，从来没有在欧洲出现过，现在，我们能看到它们了。我相信，所有像我一样见到这些美丽事物后感到无比愉悦的人，也都会像我一样感谢华莱士先生。

臀珠斑凤蝶（图9）

图中为雄蝶。翅正面褐色。前翅暗褐色，中室内有 3 枚淡蓝色亮斑，中室外侧有 9 枚同样为淡蓝色的斑点纵向排列，每枚斑点均介于两条翅脉之间。后翅赤褐色，臀角位置有 1 枚橙色斑纹，斑纹上部为黑色。

翅反面赤褐色。前翅中室内只有 1 枚斑纹，该斑纹以及纵向排列的斑点均为污白色，边缘不清。后翅基本有 1 枚白色斑点，另外在中翅脉之间有数对模糊的白色斑点。

雌蝶的不同之处在于，前翅更宽，顶角处更圆，翅面无斑点。后翅在中翅脉之间靠近外缘处有 2 排模糊的白色斑点。前后翅反面均为同样的赤褐色，无斑点，但上面所说的 2 排白色斑点交汇后形成向内的戟形斑纹。

翅展 3.9 英寸（约 10 厘米）。栖息地在加里曼丹岛。标本藏于威廉·查普曼·休伊森处。

银纹凤蝶（图10）

图中为雄蝶。翅正面从基部到翅面的一半位置均为白色，翅面其余部分为褐色，与外缘平行并靠近外缘处有模糊的白色斑点排列。前翅翅脉、前缘脉边缘、中室内的 4 条纵向斑纹线以及其间的区域均为褐色。

翅反面与正面的区别在于，颜色更淡，前翅中室内有 1 条褐色斑纹线，翅面更加显眼，前后翅边缘处的斑点更加模糊。

翅展 4.2 英寸（约 10 厘米）。栖息地在西里伯斯岛。标本藏于威廉·查普曼·休伊森和 W. 威尔逊·桑德斯处。

黛纹凤蝶（图11）

图中为雌蝶。翅正面暗褐色，有大量橙黄色斑纹和斑点。前翅基部黄色，基部附近有 1 枚小圆斑点，基部有 9—10 枚斑点，基部以外有 7 枚斑纹纵向排列，每条斑纹均位于翅脉之间。第一条斑纹（靠近前缘脉边缘）较短较圆，其余各条为较大的长方形（最后一条具分叉），前缘脉边缘也有 2 枚小斑点，均为黄色。

后翅基部附近有 3 枚纵向排列的大斑纹，下侧是 4 枚稍小斑纹，再下侧是 4 枚小斑点。前后翅边缘处均有黄色小斑点。

翅反面与正面的区别在于，后翅基部有 3 枚小圆斑，外缘带数枚新月形斑点。

翅展 4.6 英寸（约 12 厘米）。栖息地在西里伯斯岛。标本藏于 W. 威尔逊·桑德斯和阿尔弗雷德·拉塞尔·华莱士处。

注：本版 3 种蝴蝶之前从未有著作绘制过。华莱士捕到过多种稀少新奇的蝴蝶物种，银纹凤蝶和黛纹凤蝶便是其中的两种，他说自己"很确定"它们分别是一个蝴蝶种类的雄蝶和雌蝶。

W. C. Hewitson, del. et lith. 1859.

Printed by Hullmandel & Walton.

9 PAPILIO SLATERI ♀.
10 PAPILIO ENCELADES   11 PAPILIO DEUCALION

W. C. Hewitson, del. et lith. 1861.

Printed by Hullmandel & Walton.

12   PAPILIO XENARCHUS

13   PAPILIO GRATIANUS   14 15   PAPILIO EPENETUS

黄带阔凤蝶（图 12）

图中为雄蝶。翅正面黑色。前翅面整体绿色和白色，前缘脉边缘位于翅面中部以下，亚缘带位置有圆形和椭圆形斑，外缘附近有数枚小斑。后翅亚缘带有 6 枚深红色斑，除靠近臀角的那枚，其余均为长方形，后翅外缘有白色圆斑。

翅反面褐色，前翅亚缘斑模糊。后翅基部有 2 枚斑点，亚缘带有 7 枚新月形和正方形斑纹，均为深红色，边缘具白点。

翅展 3.4 英寸（约 9 厘米）。栖息地在墨西哥。标本藏于威廉·查普曼·休伊森处。

荧光番凤蝶（图 13）

翅正面黑色，边缘具白斑。前翅半透明，基部、边缘和翅脉均为黑色。翅面带 1 枚灰绿色大斑纹，斑纹跨越 2 条翅脉，被分隔成 3 部分，斑纹内有 2 枚白色圆斑。后翅中部靠下有数枚深红色斑，其中靠近臀角的 3 枚较大且连在一起，另外 3 枚较小且彼此分开。

翅反面与正面的不同之处在于，前翅内缘附近的白斑周围没有灰色区域。

翅展 3.8 英寸（约 9 厘米）。栖息地在新格拉纳达。标本藏于威廉·查普曼·休伊森处。

虾壳芷凤蝶（图 14、15）

翅正面黑色，边缘具新月形暗黄色斑点，后翅斑点较大。前翅面从中部到顶角部分颜色较淡。

翅反面暗褐色，前后翅面从中部到外缘部分均为淡褐色。前翅中室边缘有白色斑点，从中室末端到臀角有 1 条由 4 枚黄斑（每枚斑纹均裂为两半）组成的宽斑纹带。后翅中部下侧有 2 条斑纹带穿过，2 条斑纹带均为弯曲形状，相距很近，均由 7 枚斑纹组成，距基部较近的斑纹为黑色、三角形、具黑边，另一条斑纹带由淡黄色斑纹组成。

翅展 3.6 英寸（约 9 厘米）。栖息地为辛乔纳森林。标本藏于 W. 威尔逊·桑德斯处。

小黑斑凤蝶（图16）

图中为雄蝶。翅正面深褐色。前翅中室部位灰色，后翅中室部位白色，均有2条黑色纵向条纹穿过，其中1条有分叉。前后翅翅脉间均有灰白色斑纹纵向延伸，向外侧有1排白色斑点横向排列，后翅亚缘带位置又有1排类似白色斑点，臀角位置的斑纹较大、橙黄色。腹部有4列白色斑点。

翅反面与正面的区别在于，颜色更淡，前翅顶角位置有白色斑纹穿过，后翅前缘脉边缘大体为赤褐色。

翅展3.15英寸（约8厘米）。栖息地在北印度。标本藏于威廉·查普曼·休伊森处。

注：我知道这一蝴蝶种类已经有几年时间，但在能够对它进行仔细研究之前，我一直忍耐着，没有描绘它。它与褐斑凤蝶非常相似，但后翅颜色和形态有些不同，它在后翅臀角位置的橙色斑点也是褐斑凤蝶所不具有的。此外，小黑斑凤蝶腹部有白色斑点，褐斑凤蝶则有斑纹。

黑芷凤蝶（图17）

图中为雄性。翅正面暗褐色。前后翅外缘附近均有一排由橙黄色斑纹组成的斑纹带，前翅面上的斑纹为圆形或近圆形、共8枚，后翅面上的斑纹有7枚、较大、圆锥形，其中臀角位置的斑纹有一部分为黑色。前翅前缘脉靠外边缘处有1枚橙黄色斑纹。

翅反面的不同之处在于，前翅中室末端有一两枚小斑点，后翅横向斑纹带上方有2枚大小不同的斑纹，该斑纹下方和两侧有5枚淡蓝色斑。

翅展3.8英寸（约9厘米）。栖息地在古巴。标本藏于威廉·查普曼·休伊森处。

注：很可惜，我花了很多时间描绘这一蝴蝶，却在完成之后才发现德国昆虫学家霍普费早已为它绘制了极好的插画。我在画完之后，才意识到这一点，也许我的无知可以理解，毕竟霍普费的这幅插画的两个部分创作时间相差了20年。这一蝴蝶种类非常奇特，少有与之相似的蝴蝶物种。

非洲青凤蝶（图18）

翅正面纯绿色，边缘、翅脉和翅脉间的斑纹线均为黑色。前翅顶角位置主体为黑色。后翅外缘位置主体为黑色，亚缘带有12枚绿色斑（每两枚一对）。腹部橙色。

翅反面翅脉以及翅脉间的斑纹线均为黑色。前翅灰白色，顶角位置主体为赤褐色。后翅赤褐色，基部橙色，相应翅脉深黑色。后翅中室白色，有2条黑色斑纹线纵向穿过，腹缘也有部分为白色。外缘有1条窄黑色带，点缀的亚缘斑为白色。

翅展6.2英寸（约16厘米）。栖息地在尼日利亚卡拉巴尔。标本藏于威廉·查普曼·休伊森处。

注：史蒂文斯先生收到这一不同寻常的蝴蝶标本时，标本已经损坏严重，除了腹部还剩下一点干皮囊，整个躯体已经不见，因此，标本很可能进行过上色。

W. Hewitson del. et lith.

M.&N. Hanhart imp

16 PAPILIO EPYCIDES

17 PAPILIO NIMICUS   18 PAPILIO ZALMOXIS

W.C. Hewitson del. et lith 1864

Pub. Jan 2 1866.

M & N Hanhart imp

19. PAPILIO UCALEGON.

20. PAPILIO VEIOVIS.   21. 22. PAPILIO PORTHAON.

斑青凤蝶（图 19）

图中为雄蝶。翅正面深褐色。前后翅均有 1 条白色不规则形状宽斑纹带穿过，与黑色翅脉形成交叉：从前翅中间位置附近一直延伸到后翅臀褶附近。前翅顶角位置有 1 枚分叉的白色斑纹。

翅反面与正面的不同之处在于，主体赤褐色，翅脉、翅脉间的斑纹线以及穿过中室的斑纹线均为黑色。后翅基部赤褐色，具 3 枚黑色斑点。

翅展 3.9 英寸（约 10 厘米）。栖息地在尼日利亚卡拉巴尔。标本藏于威廉·查普曼·休伊森处。

翠丽斑凤蝶（图 20）

翅正面灰白色，带暗褐色小斑点，穿过中室的翅脉和斑纹线为黑色。前翅从中部到顶角位置为暗褐色，外缘附近翅脉间有褐色斑纹线，中室有黑色斑纹带穿过。后翅外缘大体为褐色，亚缘位置有 1 条由长方形灰白色斑纹组成的斑纹带。

翅反面与正面相同。

翅展 5 英寸（约 13 厘米）。栖息地在万鸦老。标本藏于威廉·查普曼·休伊森处。

注：翠丽斑凤蝶完全不同于其他已知蝴蝶物种，但相对而言，与银纹凤蝶更相像一些。

波纹青凤蝶（图 21、22）

图中为雄蝶。翅正面黑色。1 条淡绿色斑纹组成的宽斑纹带斜着穿过前翅和后翅：从前翅的前缘近顶角处一直延伸到后翅臀褶附近。前后翅均有 1 条由白色斑点组成的亚缘带。前翅基部附近有 2 条斑纹，中室内有 3 条曲线形斑纹和 1 枚白斑，中室外侧有 3 枚小白斑。后翅臀褶区域为白色，有 4 枚白色小斑纹。

翅反面与正面的区别在于，后翅赤褐色，前缘附近有 1 枚线形深红色斑纹（斑纹两侧有黑色条纹），中翅脉与臀褶末端之间有深红色斑，翅脉间有黑色斑点。

翅展 3.4 英寸（约 9 厘米）。栖息地在非洲赞比西。标本藏于威廉·查普曼·休伊森处。

注：波纹青凤蝶与非洲青凤蝶有些相似，与安泰青凤蝶相似性更大，不过都是前翅相似，后翅的区别还是很大的。在我看来，法国昆虫学家布瓦迪瓦勒收藏的爱娃青凤蝶与安泰青凤蝶倒是极为相似，差别很小。我要感谢迪金森夫人，是她把她儿子从赞比西带回的标本拿给我们，让我们能够画出这幅插画。

黄衫阔凤蝶（图23）

图中为雄性。翅正面淡绿色。前翅前缘和外缘、中室边缘的斑纹带以及翅面中部靠外、连接前缘和外缘形成三角形的斑纹带均为黑色。后翅中部有 1 条灰色模糊斑纹斜向穿过；臀角附近有 1 枚分为两半的绯红色斑纹，其下侧有 1 条黑色斑纹；翅面外缘为黑色，具 2 枚新月形蓝绿色斑；尾突黑色，与后缘连接的位置为白色。

翅反面白色，带绿色和淡紫色光泽。前翅反面与正面相似，区别在于外缘带较窄，从前缘向外缘延伸的斑纹带未能抵达外缘。后翅反面与正面也很相似，区别在于中部斑纹带为暗褐色，内缘附近有 1 枚黑色斑，外缘在顶角附近较窄，外缘带上的 2 枚白色斑点较大，在 2 枚白色斑点下方、臀角附近，各有 1 枚新月形黑色斑点，并有 1 条淡蓝色斑纹线横向穿过。

翅展 3.6 英寸（约 9 厘米）。栖息地在危地马拉。标本藏于威廉·查普曼·休伊森处。

窄曙凤蝶（图24、25）

图中为雄蝶。翅正面蓝黑色。前翅外缘附近颜色稍淡，翅脉和翅脉间的斑纹线为黑色。后翅外缘附近有 3 枚白色大斑点。

翅反面与正面的区别在于，颜色更淡；后翅上的 3 枚斑点更大，融合成为 1 枚大斑纹，中间有 1 枚黑色斑点；大斑纹与顶角之间还有第 4 枚白色斑点。

雌蝶体形更大，颜色更淡。后翅下半部分为白色，翅脉黑色，外缘附近有 4 枚圆锥形黑色大斑纹。翅反面为灰褐色，边缘、翅脉、翅脉间的斑纹线以及中室内的 3 个纵向褶，均为黑色。后翅白色区域内有 2 枚黑色斑点，顶角处有 1 枚灰白斑。

翅展分别为 4.5 英寸和 5 英寸（约 11.4 厘米及 12.7 厘米）。栖息地在缅甸。标本藏于威廉·查普曼·休伊森处。

注：这两份美丽的蝴蝶标本刚刚来到欧洲。英国驻缅军第 69 团上尉 J. 史密斯经过一整天的追逐才抓到这两只蝴蝶，这也是他在驻缅期间见到的仅有的两只窄曙凤蝶。

23 PAPILIO SALVINI   24 25. PAPILIO ZALEUCUS

W.C.Hewitson del et lith April 1st 1869

M & N Hanhart imp.

30. PAPILIO WARSCEWICZII. 31. PAPILIO EUTERPINUS.
32. 33. PAPILIO XANTHOPLEURA.

沃豹凤蝶（图 30）

翅正面黑色。前后翅亚缘带均有淡黄色斑纹，后翅斑纹上有黑色细小斑点。前翅外缘靠顶角处有 1 枚由 3 部分组成的白色斑纹，斑纹下侧有 1 枚白色小斑点，臀角附近也有 1 枚类似斑纹。后翅亚缘斑纹带上侧还有 2 列斑纹，第一列由嵌满淡蓝色小斑点的 6 枚斑纹组成，第二列则为淡黄色。

翅反面赤褐色。前翅从基部到亚缘带为黑色，顶角附近的 3 枚斑纹组成 1 枚更大的淡紫色斑，前缘带位置有 1 枚由 4 部分组成的淡紫色斑纹，斑纹与内缘之间有 6 枚淡黄色斑点排列，中室内也有 1 枚类似斑纹。后翅基部前缘、中室内的 1 枚小斑点、翅面中部的宽斑纹带以及外缘上的圆锥形大斑纹，均为淡紫色。臀角位置有 1 枚橙色斑点。

翅展 4.1 英寸（约 10.4 厘米）。栖息地在玻利维亚阿波洛班巴山。标本藏于萨尔温和戈德曼处。

红眉豹凤蝶（图 31）

翅正面暗褐色。前翅中部有 1 枚砖红色斜向大宽斑纹，从中室（几乎占满整个中室）一直延伸到外缘附近（被翅脉分割成 3 部分），臀角附近有 1 枚相同颜色的小斑点。后翅面有微黄色细小斑点。

翅反面与正面的区别在于，前翅顶角区域和整个后翅颜色更淡，前翅前缘附近有 1 枚白色斑点，附近还有 1 枚砖红色斑点。

翅展 3.9 英寸（约 9.9 厘米）。栖息地在厄瓜多尔。标本藏于萨尔温和戈德曼处。

缘点豹凤蝶（图 32、33）

翅正面黑色。前翅带大量蓝色细小斑点，在翅脉间形成纵向斑纹带。后翅下半部有 1 枚蓝绿色掌状大斑纹，被翅脉分割为 6 部分，其中一部分在中室内；亚缘部带一排蓝绿色新月形斑纹（靠近顶角的斑纹为白色）。

翅反面褐色。后翅外缘部颜色加深，前翅靠近顶角部分赤褐色，翅脉和翅脉间的斑纹条黑色。前翅中室端脉两侧有淡黄色斑点，臀角附近有 9 枚灰色斑点，其中 6 枚靠近外缘部（每两枚一对）。后翅亚缘部有 7 枚洋红色不规则形状斑纹，臀角附近有 1 枚白色斑。

翅展 5.5 英寸（约 14 厘米）。栖息地在秘鲁东部。标本藏于萨尔温和戈德曼处。

梳翅番凤蝶（图 34）

图中为雌性。翅正面黑色，外缘具白色新月形斑。前翅在中部靠外位置有 1 枚白色斑。后翅外缘齿状，外突较长；后翅下半部分有 2 条深红色斑纹带穿过，内侧斑纹带由 6 枚椭圆形斑组成，其中最靠近前缘的那 1 枚最小，最靠近臀角的那 1 枚最大；外侧斑纹带由 5 枚斑组成，最靠近臀角的 3 枚呈新月形。

翅反面与正面的区别在于，后翅内侧斑纹带的深红色斑尺寸较小。

翅展 3.7 英寸（约 9.4 厘米）。栖息地在尼加拉瓜。标本藏于威廉·查普曼·休伊森处。

Papilio philetas（图 35、36，无中文译名，暂译为黄绿斑凤蝶）

图中为雄蝶。翅正面暗绿色，后翅外缘具新月形白色斑。前翅中部靠外位置有 1 条黄绿色斑纹带（在上侧分叉），2 支分叉从前缘位置启动，在第二中室端脉处汇合，一直延伸到臀角位置。后翅亚缘部有一排淡绿色斑，其中靠近前缘的斑纹为线形。

前翅反面与正面的区别在于，基部附近有 2 条绿色斑纹线，斑纹带中的斑纹尺寸更大，前翅面从斑纹带到顶角附近布满绿色细小斑点。后翅靠近基部的一半翅面布满绿色细小斑点，翅脉黑色；靠外的另一半翅面暗绿色，在这一半翅面上，最靠内的是一些暗绿色条纹，向外是一排 7 枚深红色斑纹，再向外是一排 6

枚黄色斑纹。外缘上的新月形斑纹较正面更宽。腹部白色。

雌蝶与雄蝶区别不大，只是腹部为暗绿色。

翅展 3.15 英寸（约 8 厘米）。栖息地在厄瓜多尔。标本藏于威廉·查普曼·休伊森处。

乳带番凤蝶（图 37）

图中为雄性。翅正面暗绿色，如果周围光线不甚明亮，看起来可能会像是黑色，向外缘方向渐显紫色。后翅边缘凹凸明显，内具白色新月形斑，尾突较宽。前后翅中部靠外均有白色微黄宽斑纹带穿过，斑纹带跨越多条翅脉，由于前翅面斑纹和后翅面斑纹下半部均嵌有大量黑色细小斑点，使得斑纹带稍显灰色。斑纹带起始于前翅前缘附近（这里有 3 枚斑纹，形成三角形），向下在第五枚斑纹内侧有 1 枚同样颜色的小斑点（雌蝶尤其明显）。后翅亚缘部有 6—7 枚深红色新月形斑纹，其中有的斑纹比较模糊。

翅反面与正面的区别在于，深红色斑纹更加明显。

雌蝶与雄蝶相比，除体形更大外，无其他明显不同。

翅展 3.6 英寸（约 9.1 厘米）。栖息地在厄瓜多尔。标本藏于威廉·查普曼·休伊森处。

N. S. Hewitson. ad. nat. et lith.

M.& N.Hanhart imp.

34. PAPILIO DARES

35.36. PAPILIO PHILETAS   37. PAPILIO PHALAECUS.

W C Hewitson del et lith. April. 1873.

M & N Hanhart imp

42. PAPILIO KIRBYI   43. 44. PAPILIO ILLYRIS.

白条褐凤蝶（图42）

图中为雄蝶。翅正面深褐色。前后翅中央有1条白色窄斑纹带穿过，斑纹带起始于前翅顶角附近（这里是1枚单独的斑纹），延伸到后翅内缘中间位置，斑纹带在起始处呈直线，在终止处稍有弯曲。后翅尾突很长，末端白色，亚缘带有几枚模糊的白色线形斑纹。

翅反面与正面的区别在于：后翅面有1枚黑色斑，与上侧前缘附近的深红色带相邻并延伸到中央斑纹带；中室内部和端部有1枚深红色斑（具黑点），下侧还有1枚同样颜色的斑；与中央斑纹带尾部相接处有1枚新月形深红色斑（上侧为白色）；内缘处有1枚深红色斑。

翅展3.5英寸（约8.9厘米）。栖息地在尼日利亚拉各斯。标本藏于威廉·查普曼·休伊森处。

注：除下面的黄带褐凤蝶外，白条褐凤蝶与其他非洲蝴蝶都差别极大。

黄带褐凤蝶（图43、44）

图中为雄蝶。翅正面深褐色。前后翅有1条淡黄色中央斑纹带穿过，斑纹带起始于前翅中室外侧前缘附近，延伸到后翅内缘中间靠上位置，跨越的翅脉显得并不明显。后翅尾突很长，亚缘带分布有5枚黄绿色斑纹，其中最靠近尾突基部的2枚最大。

翅反面与正面的区别在于：前翅基部颜色更淡；后翅内缘土黄色；后翅面有1枚黑色斑，与上侧前缘附近的深红色带相邻并延伸到中央斑纹带；中室端部有1枚深红色斑（带黑点），深红色斑与内缘之间有2条深红色斑纹线，后翅面下部有数枚黑色大斑，亚缘带也有数枚黑色斑。

翅展3.5英寸（约8.9厘米）。栖息地在黄金海岸（今加纳）。标本藏于威廉·查普曼·休伊森处。

华莱士：马来地区的凤蝶

作　者

Alfred Russel Wallace

阿尔弗雷德·拉塞尔·华莱士

书　名

Transactions of the Linnean Society, Vol.XXV

Mr. A. R. Wallace on the Papilionidae of the Malayan Region

On the Phenomena of Variation and Geographical Distribution as Illustrated by the Malayan Papilionidae

《林奈学会会刊集》（第 25 卷）

《阿尔弗雷德·拉塞尔·华莱士马来地区凤蝶论述集》

"以马来地区凤蝶为例说明变异及地理分布现象"

版本信息

1864, London

阿尔弗雷德·拉塞尔·华莱士

　　阿尔弗雷德·拉塞尔·华莱士（1823—1913），英国博物学家、探险家、地理学家、人类学家和生物学家。华莱士因独自创立"自然选择"的进化理论而著名，他探讨这一主题的文章与达尔文的部分相关文章在1858年一起发表。这促使达尔文出版《物种起源》，提出自己的进化理论。华莱士野外经验丰富，先去了亚马孙河流域，之后去了马来群岛。他在马来群岛研究之后提出，当地动物的分布可以通过分割线（后称华莱士线）区划，据此将马来群岛划分为两个迥异的区域：线以西是东洋界的动

THE
MALAY ARCHIPELAGO:
THE LAND OF THE
ORANG-UTAN, AND THE BIRD OF PARADISE.
A NARRATIVE OF TRAVEL,
WITH STUDIES OF MAN AND NATURE.

BY
ALFRED RUSSEL WALLACE,
AUTHOR OF
" TRAVELS ON THE AMAZON AND RIO NEGRO," " PALM TREES OF THE AMAZON," ETC

IN TWO VOLS.—VOL. I.

London:
MACMILLAN AND CO.
1869.

阿尔弗雷德·拉塞尔·华莱士像　　　　　《马来群岛自然考察记》扉页

物类型，以东是澳新界的动物类型。

　　华莱士被普遍认为是 19 世纪最好的动物地理分布研究专家，被称为"生物地理学之父"。此外，他在 19 世纪的进化理论方面也是领军人物之一，为进化理论的发展做出了重大贡献。

　　受亚历山大·冯·洪堡、查尔斯·达尔文，尤其是威廉·亨利·爱德华等博物学家的探险经历影响，华莱士也决定以一名博物学家的身份踏上异域探索之旅。1848 年，华莱士与亨利·贝茨启程一起前往巴西，目的是去亚马孙雨林采集昆虫和

伦敦林奈学会展出的华莱士笔记

其他动物标本，充实自己的私人收藏，再把多余的卖给英国的博物馆和收藏家。华莱士还希望找到物种变异的证据。

华莱士和贝茨第一年的采集工作主要在帕拉（今贝伦）进行，之后，他们分头行动。华莱士又在南美洲待了4年，采集标本，记录当地的民俗和语言以及动植物。1852年7月12日，华莱士坐船启程返回英国。不幸的是，航行途中，船舱失火，被迫弃船，华莱士在最近2年采集的标本尽数损毁，只救出一些笔记和绘图。华莱士和船员在海上漂流了10天后，才获救得以回到英国。

回到英国后，华莱士在伦敦住了18个月，经济上主要依靠标本损毁得到的补偿，以及出售前期运回英国的标本。虽然失去了南美之行的几乎所有笔记，华莱士还是写了6篇文章和2部著作。另外，他与英国其他博物学家进行了联系，其中最重要的便是达尔文。

左图上下：华莱士的信件

右上图：华莱士自传中，他和兄弟约翰共同设计建造的校舍

从 1854 年到 1862 年，华莱士进行了马来群岛（今新加坡、马来西亚和印度尼西亚等地）探索之旅。这期间，他采集标本用来出售和研究博物学。剑桥大学动物学博物馆现存有他当时在印度尼西亚采集的 80 份鸟类骨架及相关文件。华莱士在马来群岛采集了超过 12.6 万份标本（其中仅甲虫类标本便有 8 万多份）。

探索马来群岛的过程中，华莱士提炼了自己的进化论思想，对物竞自然选择有了深刻洞察。1858 年，他把自己的理论写成一篇文章，寄给了达尔文。文章发表了，但同时发表的还有达尔文阐述自己理论的文章。

华莱士记述自己研究和探险旅程的《马来群岛自然考察记》一书在 1869 年出版，很快成为 19 世纪最受欢迎的科学探索著作之一，一印再印。这本书受到达尔文（华莱士把它献给了达尔文）和查尔斯·莱尔等科学家的高度评价，甚至受到小说家的追捧，被当作文学创作的素材。

华莱士在 1862 年回到英国，很快便组织展出自己的藏品，向伦敦动物学会等学术组织报告自己的探险和发现。他还拜访了达尔文，与查尔斯·莱尔和赫伯特·斯潘塞建立了良好的关系。整个 60 年代，华莱士经常在文章和讲座中捍卫自然选择理论，写信与达尔文就很多主题交换看法。华莱士在 1866 年结婚，育有三个孩子。

19 世纪 60 年代和 70 年代，华莱士都在为家庭的经济困难而烦忧。他在马来群岛采集标本时，在伦敦的代理人帮他卖出标本（收入相当可观），并小心翼翼地帮他进行了投资。但华莱士回到英国后，决定投资铁路和矿山，结果损失惨重，只能依靠《马来群岛自然考察记》的收益度日。与达尔文等其他同时代的英国自然科学家不同，华莱士没有丰厚的家底作为后盾，又找不到有固定收入的职位，因此一直没有固定收入。这种情况直到 1881 年才有所改变，达尔文帮他申请到一份养老金，虽然数额不大。

1913 年 11 月 7 日，华莱士在家中过世，时年 90 岁。他的去世在新闻界引起广泛关注。《纽约时报》称他是"像查尔斯·达尔文、托马斯·亨利·赫胥黎、赫伯特·斯潘塞、查尔斯·莱尔以及理查德·欧文一样的巨人思想家，他们的大胆探索让整个世界在 19 世纪得以变革和进化"。华莱士的一些朋友建议把他葬在威斯敏斯特教堂，但是他的妻子坚持遗嘱，把他安葬在多赛特的一个小墓地里。几位著名科学家集资

　　　　　华莱士：马来地区的凤蝶

华莱士提出的世界动物地理分布

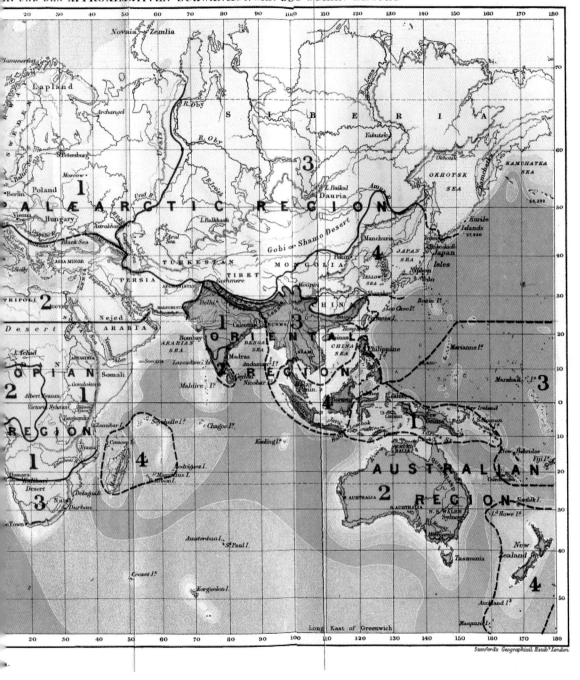

华莱士：马来地区的凤蝶

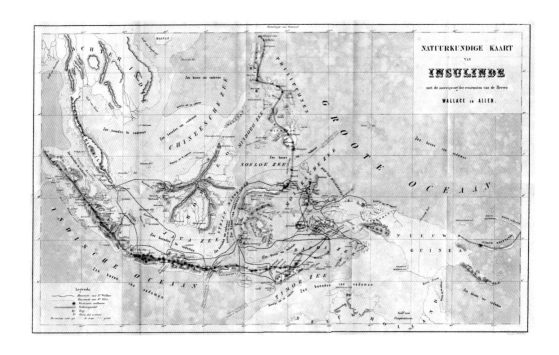

《马来群岛自然考察记》中记载的地图

给华莱士在威斯敏斯特竖立了一座雕像，放在达尔文墓的旁边。

在进化理论发展的记述中，华莱士只得到寥寥数笔，只说他促使了达尔文发表自己的理论。实际上，华莱士拥有与达尔文不同的进化论想法，而且他被很多人（尤其是达尔文）看作是当时进化论思想的领袖人物，他的思想不容忽视。有历史学家指出，达尔文和华莱士多年通过通信和发表文章，相互交流看法，彼此促进。达尔文在《人类家谱》中引用最多的博物学家便是华莱士，虽然大多是用来表达反对意见，华莱士则终生捍卫自然选择理论。到19世纪80年代，进化论在自然科学界已经得到广泛承认，但在知名博物学家中，仅有华莱士和奥古斯特·魏斯曼相信自然选择是进化的主要动力。1889年，华莱士出版《达尔文主义》一书，以应对科学界对自然选择理论的批判。在华莱士的所有著作中，《达尔文主义》被其他学术出版物引用最多。

华莱士著述丰富。2002年，有历史学家统计华莱士的出版物，发现他出版和发表过22本长篇大作和747篇文章，其中科学类文章508篇（191篇发表在《自然》杂志上）。他的主要著述包括：《马来群岛自然考察记》（1869）、《动物的地理分布》（1876）、《岛上生活》（1881）、《达尔文主义：论自然选择理论及其应用》（1889）、《亚马孙河和内格罗河旅行记》（1889）、《人在宇宙的地位》（1904）以及《我的一生》（1905）。

华莱士在捕猎中（雕塑）

它们的美丽和多样性使得它们受到世界各地收藏家的喜爱。

　　博物学家研究动物的习性、构造以及相似性时，选择哪一群体的动物作为研究目标并不重要，因为任何群体都能给他提供大量的观察和研究素材。但如果研究的是地理分布与区域性、性别问题或一般性变异现象，研究对象的选择就极为关键了。有些群体种类有限，有些群体在形态上差异度不够，最重要的是，有些群体并非是其栖息地最具代表性的物种，而我们正是需要依靠它们的栖息地来提供资料，使得我们能够针对它们的现象得出正确的结论。只有通过这些现在和过去都让收藏者无比着迷的物种，动物地理分布和变异现象的研究者才能找到最适合的材料。

　　这样的群体，最突出的便是日间活动的鳞翅类昆虫，换言之，蝴蝶。它们的美丽和多样性使得它们受到世界各地收藏家的喜爱，也使得它们成为诸多壮美画作的主角，比如，从最早的克拉默，到近代的林奈，再到今天的休伊森，都画过无与伦比的蝴蝶插画。不过，除了数量多、分布广、受关注度高之外，它们还具有一些其他特性使得它们特别适合被用来阐述这个问题，那就是它们的发达的翅膀和独特结构。它们在翅膀形态上的差异比任何其他昆虫都大，在翅面、图案、色彩和质地上都展现出无穷的差异。它们翅上或多或少覆盖着的鳞片能够展现出绸缎或天鹅绒般的色彩和精美质地，闪烁着金属般的光泽，甚至放射出蛋白石般的五彩光芒。它们的翅面如精心绘制般展示着生物机体能够具有的最细微的差别——当躯体和其他位置还没有展示出明显的变化时，翅面一直在发生变化，可能某个地方有了一抹颜色，多了一个斑纹或斑点，或者形态在某个位置发生了极细微的差别。正如贝茨所说，蝴蝶的翅膀"就是大自然用来书写物种变化故事的桌子"。通过观察蝴蝶的翅膀，我们能够发现在其他情况下很难发现或无法确定的变化，它们的翅膀能够把天气和其他物理因素对每个生命机体或多或少的影响放大给我们观察。

　　凤蝶科一直被普遍看作是鳞翅目昆虫中的第一大科，最近这一地位受到了否定，但对于将其降级的理由，我完全不能接受。凤蝶科蝴蝶在地球上分布广泛，在热带地区尤其数量庞大，这里的凤蝶体形最大，体态最为优美，形态和色彩最为多样。它们在南美、北印度和马来群岛大量存在，对这些地区来说，是极为重要的物种。

我发现，一般而言，物种的稳定性与它们分布的广度成反比。活动范围局限于一两座岛屿的蝴蝶相对稳定，当它们扩散到多个岛屿，变化就会出现，而当它们扩散到马来群岛的大部分地区，不稳定的变异就会急剧加大。这一点根据达尔文的理论也可以解释。如果某一物种活动的区域很大，不管是过去还是现在，它都必然具有强大的扩散能力。根据整个区域不同地区的特定条件，该物种发生的不同变异会受到自然的选择，如果完全不受到干预，变异会很快进化成完全不同的形态，但这一过程受到整个物种的扩散能力的影响，当该物种中处于不同变异阶段的个体相互混合在一起，变异就会变得不规律和不稳定。相反，如果某一物种的活动范围小，它的扩散能力就更弱，它根据环境发生变化时受到的干扰就更少。这样，经过相对较长的时间跨度，该物种就能长久地保持一种或多种形态上的变化。

所谓变异，应该包括几个经常被混淆、实际上完全不同的现象。我认为它们包括：可变性、多态性、当地形态、共存变种、类别或亚种以及物种本身。

通过仔细观察印度和马来地区的蝴蝶种类、形态和变种，我发现每个或大或小的区域，甚至每个岛屿，分布的凤蝶绝大多数都具有独特的特征。比如，印度地区（指苏门答腊岛、爪哇岛和加里曼丹岛）的蝴蝶比栖息在西里伯斯岛和摩鹿加群岛的相似蝴蝶物种体形更小，少有例外。同样，对比相似的蝴蝶物种或者变种，栖息在新几内亚和澳大利亚的蝴蝶比摩鹿加群岛的蝴蝶体形更小，在摩鹿加群岛当中，安波那岛的蝴蝶体形最大，西里伯斯岛的蝴蝶体形则不亚于甚至超过摩鹿加群岛的蝴蝶。另外，西里伯斯岛的蝴蝶前翅具有周围岛屿相似蝴蝶物种和变种都不具有的特征，印度或印度地区带尾突的蝴蝶物种向东迁移到马来群岛其他岛屿后，尾突便消失了。

（编译自华莱士"以马来地区凤蝶为例说明变异及地理分布现象"一文前言）

图中 4 只蝴蝶均为美凤蝶。

其中 1 号为雄蝶，其余 3 只为雌蝶。雄蝶与雌蝶第二形态相比，无论形态还是颜色，都差异极大，若不是发育自同样的幼虫，实在让人难以相信它们属于同一蝴蝶种类。两者不论是在个体上，还是以整个区域为一个整体，差异都很大，但两者之间的确并无过渡。我认为这是雌雄异型的典型例子。

图中 1、3、5 和 6 号均为玉带凤蝶，其中 1 号为雄蝶，其余 3 只为雌蝶。栖息地包括马六甲地区、新加坡、中国、印度以及锡兰。大陆种雌蝶和雄蝶均有较长尾突，而岛屿种则有所不同（我将其认定为单独种），雄性的尾突很短，甚至只是锯齿状的外凸。雌蝶间也有明显不同，形态看似相同，却又差异很大。相对而言，雄蝶较为稳定，雌蝶则主要有 3 种不同形态，每种形态又有诸多变种。

3 号便是雌蝶的第一种形态。这一形态与雄蝶相近，不同之处在于翅正面臀角处有 1 枚单眼状斑。另外，这一形态偶尔出现变种，在亚缘部出现 1 列半月形红色斑，这就与第二种形态的某些变种具有了些许相似。

5 号是雌蝶的第二种形态。这是目前最常见的雌蝶形态。这一形态的其中一个变种较为少见：臀角处红色斑缺失，中室下侧有 1 枚由几个白色斑组成的大斑纹。

6 号是雌蝶的第三种形态。我认为这种在印度较为常见的蝴蝶是玉带凤蝶雌蝶的第三种形态。我最初有这一设想是因为一直没有发现这种蝴蝶的雄蝶：经研究，大英博物馆收藏的来自锡兰的雄蝶和雌蝶标本实际上都是雌蝶，我查遍英国的主要收藏，都没有任何发现。另外，这一形态蝴蝶标本的来源地无一不是玉带凤蝶的栖息地，而且没有任何其他已知印度蝴蝶物种可能是它的雄蝶形态。况且，这种形态与第二种雌蝶形态在各方面相近，有些标本的差别之处极小。因此我相信这是玉带凤蝶雌蝶的第三种形态。

图中 2、4 和 7 号是玉带凤蝶 *theseus* 亚种，均为雌蝶。

雄蝶与玉带凤蝶相似，但体形更小，尾突极短。栖息地包括爪哇岛、苏门答腊岛、加里曼丹岛、龙目岛以及帝汶岛。

本地形态（出自马卡萨）体形更大，翅面更显镰状，尾突短而宽。

2 号为雌蝶的第一种形态。与雄蝶相似，但臀角处有 1 枚模糊的蓝红色单眼状斑。这一形态在岛屿上极为少见，我只在帝汶岛收集到 1 枚标本。

4 号为雌蝶的第二种形态。与玉带凤蝶雌蝶的第二种形态相似，但前翅颜色更浅，而基部颜色较深；后翅白色斑更圆，位于中室内的部分更多。这一形态仅分布于特定区域，苏门答腊岛就不可见。栖息地包括加里曼丹岛、爪哇岛和帝汶岛。

7 号为雌蝶的第三种形态。后翅上的白色斑完全缺失，红色斑点和单眼状斑仍然存在，但有些标本的斑纹只是在臀角位置可见。这一形态也仅分布于特定区域，包括苏门答腊岛和龙目岛。

J.O. Westwood del.

Day & Son, Lith. to the Queen.

图中 1、2、3 和 4 号均为果园美凤蝶 *ormenus* 亚种，其中 2 号为雄蝶，其余 3 只为雌蝶。栖息地包括卫古岛、阿鲁群岛、卡伊群岛、马塔贝罗以及哥兰岛。

这一主要栖息在澳大利亚－马来群岛地区的凤蝶群体很好地展示了生物的多型现象，雌蝶具有两三种截然不同的形态。雄蝶的特点在于翅反面斑纹较少。

1 号为雌蝶的第一种形态。翅正面黑褐色。前翅中室外侧有 4 枚白黄色斑，最上侧的一枚大小和位置均与雄蝶一致，第二和第三枚向中室方向延伸，第四枚较第三枚更短、位于其下方。后翅中部具淡硫黄色大斑，大斑纹下侧靠近臀角处有 2 枚不规则半月形蓝色斑（第二枚下侧有 1 枚红色小斑），臀角处有 1 枚红色半月形斑。

翅反面的区别在于，后翅中部黄色大斑的上半部分不清，亚缘部有 7 枚红色半月形斑。

栖息地在卫古岛。

3 号为雌蝶的第二种形态。与雌性果园美凤蝶非常接近，只是后翅白色大斑覆盖中室的程度更小，组成大斑的斑纹中最中间的 2 条斑纹更加向后拉长，另外，蓝色半月形斑更暗，数量不超过 2 枚。

翅反面与果园美凤蝶的不同之处在于，后翅白色大斑没有与前缘相接。一份来自卫古岛的标本显示 4 枚处于中间的半月形斑近乎白色。这一形态的蝴蝶没有特定的地域限制，常与雄蝶同时出现，因此可能是雌性果园凤蝶的典型形态。

4 号为雌蝶的第三种形态。我手上有 3 份这一形态的雌蝶标本，收集的 3 个地区都是雄蝶的栖息地。它们之间稍有差异，但在上述形状和特征方面总体一致。

栖息地在阿鲁群岛、米苏尔岛和哥兰岛。

华莱士：马来地区的凤蝶

图中 1 号蝴蝶为雌性果园美凤蝶 *adrastus* 亚种。

雄蝶翅正面与雄性果园美凤蝶 *ormenus* 亚种相近，但后翅斑纹带更窄，没有穿过中室，且更加靠近臀角。翅反面臀角处有 1 枚红色斑，向外有 3 枚蓝色半月形斑。

雌蝶翅正面黑褐色。前翅顶角区域更显褐色，中室端部附近有 1 枚白色斑块，中室内有 1 枚椭圆形斑。后翅中部有 1 枚白色斑块，微带赭色；亚缘带有 1 排深红色半月形大斑；臀角处有 1 枚不规则单眼状斑，上侧带淡蓝色，侧边有数枚蓝色微小斑点。前后翅边缘齿状内凹部分均带赭色条。

雌蝶翅反面：前翅白色斑块更大，边缘更加清晰，向外角处延伸过程中逐渐变小变淡；后翅中部白色斑块和亚缘带半月形斑纹与正面一致，但在白色斑块与半月形斑纹带之间多出 1 排淡蓝色斑纹。

翅展：雄蝶 5.24 英寸（约 13.3 厘米），雌蝶 6 英寸（约 15.2 厘米）。栖息地在班达岛。

图中 2 号和 3 号蝴蝶为娣美凤蝶，其中 2 号为雌蝶，3 号为雄蝶。雌蝶翅正面棕色。前翅中室以下中间区域近白色。后翅基部三分之二区域为白色；边缘形状不规则，且外突较缓，具赭黄色窄边；亚缘部有 7 枚黄色半月形宽斑纹；亚缘带上侧近臀角处有 3 枚蓝色形状不规则斑纹。

翅反面与正面相近，区别在于前翅白色区域更广、边缘更明显；黄色半月形斑纹更大，形成齿状宽斑纹带；蓝色斑纹增加到 6—7 枚。头部和胸部为暗色，腹部黄色。

栖息地在巴占岛和莫蒂岛。

J O Westwood del

Hen Brook imp

1 号蝴蝶：玛曙凤蝶

图中为雄蝶，与玛曙凤蝶雌蝶的不同之处在于前翅顶角部更宽，后翅向后延伸更长、更有光泽，尤其是后缘部分，另外，后缘平滑、无齿状外突。

栖息地在加里曼丹岛沙捞越。

2 号蝴蝶：红珠凤蝶

图中为雄蝶，翅正面黑色、光滑。前翅面无斑纹（雌蝶翅脉具淡白色边）。后翅面有 1 枚白色圆形大斑，被翅脉分隔为 6 部分，其中最外侧和中室位置的白斑较小；后翅边缘具红色斑。翅反面白斑靠近臀角位置有 1 枚红色小斑，边缘位置的 6 枚红色斑清晰可见，其中靠近臀角的 1 枚较大。翅短、较圆、无尾突。

栖息地包括新几内亚、米苏尔岛等地。

3 号蝴蝶：沙特美凤蝶

前翅镰状，外缘像分布在西里伯斯岛的很多其他蝴蝶物种一样有凹陷。图中为雄蝶。翅正面：前翅为絮状质地，较显眼，臀角位置没有红色半月形斑。翅反面：半月形和单眼状斑为黄色，臀角处的单眼状斑上侧带蓝色，相邻处有蓝色斑。

雌蝶翅正面颜色更深，臀角处有 2 枚橙棕色单眼状斑，翅反面半月形和单眼状斑均更大，中间的 2 枚斑纹也像雄蝶一样缺失。

栖息地在西里伯斯岛马卡萨和万鸦老。

4 号蝴蝶：澳洲玉带凤蝶

图中为雄蝶。翅正面：前翅相较玉带凤蝶更长更尖，暗褐色，中室位置有淡黄色鳞片纵向排列，中室外的翅脉间鳞片更加密集，形成一条与外缘平行的黄色鳞片窄带。后翅黑色，外角与中室之间位置带 3 枚近正方形白色斑。翅反面：上翅鳞片带颜色更淡，后翅亚缘部有 7 枚黄褐色半月形斑，外侧和臀角处的几枚上侧均有一小块蓝色鳞片斑。

雌蝶颜色更淡，斑纹更加分散。

栖息地在西里伯斯岛马卡萨。

5 号蝴蝶：白裙美凤蝶

图中为雄蝶。相比玉带凤蝶，翅面更宽，前缘脉角度更小，尾突更短，外突更加缓和。

翅正面黑褐色。前翅中室位置有淡黄色鳞片水平排列，翅面顶部翅脉间颜色较深，向外缘方向颜色变淡。后翅中央具 1 枚白黄色大斑纹，臀角附近有 2 枚淡褐色半月形斑；外缘各外突间点缀有白色。翅反面：前翅顶角位置附近有明显灰白色鳞片排列。后翅不像玉带凤蝶那样点缀有鳞片，只是在中室位置有 2—3 排鳞片；前缘附近有 1 枚白色半月形斑，下侧有 3 枚菱形斑块，再向下有 1 枚椭圆形斑和 1 条水平斑纹；亚缘部有 7 枚半月形斑，其中最中间的 3 枚最小，较为模糊，最靠近臀角的那一枚最大。

栖息地在新几内亚。

1 号蝴蝶：蓝翠凤蝶

翅面较翡翠凤蝶更长，前翅更尖。

图中为雄蝶，翅正面黑色，靠近基部的一半翅面为银蓝色，靠近前缘脉位置显绿色，外缘位置显紫色。亚中脉和中脉下侧 2 条分脉部位有数条长条形絮状黑色斑（与天堂凤蝶相似），其中下侧斑汇合，上侧斑则单独延伸。后翅外缘部黑褐色，近顶角处有几枚黄色和蓝色斑点。前翅蓝色斑纹一直覆盖到中室上侧，后翅蓝色斑纹覆盖到臀角附近，亚缘部有 5 枚蓝色半月形斑，最外侧的 1 枚几乎不可见，最靠近尾突的 1 枚最大且颜色最深。体绿色。

翅反面与翡翠凤蝶相似，只是半月形斑两侧亮蓝色和橙褐色。

翅展 3.2 英寸（约 8.1 厘米）。

栖息地在帝汶岛。

2 号蝴蝶：翡翠凤蝶

图中为雄蝶。根据布瓦迪瓦勒的描绘来看，这一蝴蝶物种在形态、尺寸和颜色方面，均与他描绘的变种具有很大不同。雌蝶与雄蝶差别不大，只是雌蝶颜色稍暗，前翅没有絮状斑。

雄蝶翅展 5 英寸（约 12.7 厘米），雌蝶 5—6 英寸（约 12.7—15.2 厘米）。

栖息地在西里伯斯岛马卡萨和万鸦老。

3 号蝴蝶：五斑翠凤蝶

翅正面：靠近基部的一半翅面蓝绿色，其余部分黑色，前翅顶角部有三角形斑纹，斑纹由绿色细小斑点组成；后翅亚缘部有 6 枚半月形大斑，其中最靠下侧的 1 枚与尾突上的细小绿色斑点相连。絮状黑色斑与翡翠凤蝶形状不同，斑纹在中间位置汇合，其中 2 条沿翅脉呈一定角度向中室方向延伸。

翅反面半月形斑纹由暗黄色、黑色和蓝色组成。

翅展 4.5—5 英寸（约 11.4—12.7 厘米）。

栖息地为摩鹿加群岛。

4 号蝴蝶：蓝尾翠凤蝶

图中为雄蝶。栖息地在西里伯斯岛万鸦老。

J O Westwood del

Vincent Brooks, Imp

J. O. Westwood, del.

Vincent Brooks. Imp.

图中 1 号蝴蝶为曲纹凤蝶雄蝶。翅正面黑褐色，具蓝白色斑点和斑纹，前后翅外缘处均有 1 排斑点。前翅斑点与中室之间还有 1 排斑点，中室内有 5—7 枚形状不规则的斑点。后翅中室末端有 1 枚斑纹，从这枚斑纹向外有 5 条斑纹沿翅脉延伸。翅反面褐色，斑点颜色更淡、更加多样。颈部有 4 枚白色斑点，腹部暗色，两侧和腹面有单色斑纹线。

翅展 3.75 英寸（约 9.5 厘米）。

栖息地在新几内亚（雄蝶）。

图中 2 号蝴蝶为雄性 *Papilio miletus*（现在学名为 *Graphium anthedon*，无中文译名，暂译为蓝纹青凤蝶），相较青凤蝶，翅面更大，镰状更明显。

翅正面黑色，有 1 条蓝色窄斑纹带。前翅上的斑纹基本为圆形，斑纹间有黑色斑纹带穿过；后翅边缘处的半月形斑纹较大。翅反面：前翅外角附近有 4 枚白色半月形斑纹组成一排，后翅外角处也有 1 枚同样颜色的斑纹，后翅中室边缘有红色斑纹。

翅展 4.75 英寸（约 12 厘米）。

栖息地在西里伯斯岛马卡萨和万鸦老。

图中 3 号蝴蝶为雄性 *Papilio aenigma*（无中文译名，暂译为大蓝斑凤蝶），大小、形态和特征方面均与翠蓝斑凤蝶极为相似。

翅正面紫黑色，无光泽。前后翅亚缘带均有 1 排白斑，其中前翅白斑边缘略带蓝色，靠下侧的白斑有时较为模糊。前翅中室末端有 1—2 枚亮蓝色斑纹，外侧有 6—7 枚亮蓝色斑纹组成一排。翅反面只有亚缘带有 1 排白斑。栖息地包括马六甲地区和苏门答腊岛以及加里曼丹岛。

图中 4 号蝴蝶为雄性银钩青凤蝶 *telephus* 亚种，相比银钩青凤蝶，前翅更长，前翅前缘与基部间的曲线更陡。

翅正面：前翅中室内的 4 条斑纹线宽度相近；斑纹带相对更窄，后翅上的斑纹近乎白色；腹部和内缘为纯白色。翅反面：臀角处的红色斑点并未沿内缘向上延伸；圆形斑点边缘明显较暗，这是因为它们比翅正面的斑点更大。

翅展 4.25 英寸（约 10.8 厘米）。

栖息地在西里伯斯岛。

注：飞行迅速，难以捕捉，经常出现在西里伯斯岛南部的村庄，也常见于山间的溪流附近。

图中 5 号蝴蝶为雄性长尾绿凤蝶，栖息地在西里伯斯岛马卡萨。

注：我只在一处山间溪流的岸边见过这种蝴蝶一次。它落在地上休憩时，长长的白色尾突高高翘起，非常显眼。

法布尔：昆虫记

作　者

Jean-Henri Casimir Fabre

让-亨利·卡西米尔·法布尔

书　名

Fabre's Book of Insects

《昆虫记》

版本信息

1921, New York

让-亨利·卡西米尔·法布尔

让-亨利·卡西米尔·法布尔（1823—1915），法国博物学家、昆虫学家、科普作家，以《昆虫记》一书留名后世。

法布尔出生于法国南部阿韦龙省的小镇圣莱昂，为家中长子，从小生活穷困，被迫辍学，当过铁路工人和小贩。生活虽然艰辛，法布尔却没有放弃追求知识，坚持自学，同时利用业余时间观察和研究昆虫和植物。19 岁时，取得小学教师文凭，开启教学生涯，1870 年，教学方法惹来保守宗教人士的批评，法布尔被迫辞去教职。1877 年，跟法布尔一样热爱大自然的次子朱尔过世，年仅 16 岁，法布尔伤心欲绝。两年后，法布尔一家搬至沃克吕兹省塞里尼昂，买下一所房子和毗连的一块荒地，将园子命名为"荒石园"，之后潜心观察、实验和著述，同年《昆虫记》首卷面世。

隐居塞里尼昂之后不久，妻子病逝，法布尔于 60 岁时续弦，育有 3 名子女。在

法布尔像   1921年插图版《昆虫记》英译本扉页

生命的最后几年里，各种荣誉接连降临到法布尔身上，村子里树起他的雕像，总统亲自造访，欧洲各国科学院纷纷邀请他做名誉院士，甚至有人呼吁提名他诺贝尔文学奖。法布尔以92岁高龄，在荒石园中辞世。

　　法布尔一生醉心于探索生命世界，发现自然界中蕴藏着的科学真理。撰写《昆虫记》时，一直"准确地记述观察到的事实，既不做任何添加，也不做任何忽略"。他毕生探索昆虫世界，在自然环境中对昆虫进行观察和实验，真实地记录昆虫的本能和习性，最终写成昆虫学巨著《昆虫记》。法布尔对达尔文后期的文字产生过影响，后者称赞他为"无可比拟的观察者"。但法布尔是一名基督徒，对达尔文的进化论一直持怀疑态度。事实上，他对一切理论和体系都敬而远之，他的独特之处就在于进行准确和仔细的观察，绝不轻易下任何结论。

　　《昆虫记》在法国自然科学史和文学史上都占有重要地位，同时被译成多种文字出版，誉满全球。法布尔详细观察了昆虫的生活以及它们为生活和繁衍所进行的

荒石园(上图)

法布尔的客厅(下图)

斗争,把这些发现以生动的散文形式记录下来,使得昆虫世界成为一个无比生动活泼、可以让人类获得知识和趣味的世界。法布尔因此被当时的法国和国际学术界誉为"动物心理学的创导人",被世人称为"昆虫世界的荷马"和"昆虫世界的维吉尔"。

　　法布尔在圣莱昂的出生地已经成为一处推广昆虫学研究的景点和展示他生平的博物馆。他最后生活和工作的荒石园也已经成为展示他的生活和成就的博物馆。他一生收集的昆虫标本都陈列在阿维尼翁勒坎博物馆里。

　　1956 年,为纪念法布尔,法国邮政部门专门发行了一版带有他的头像的邮票。

圣甲虫（粪金龟）首次被谈及是在六七千年以前。古埃及的农民春日里浇灌洋葱时，总能时不时看到一只黑色的虫子推着一个圆球匆忙地赶路。他会惊奇地看着这个小家伙努力翻滚着比它自己还要大的圆球，一如现在普罗旺斯的农民在地里同样惊奇地看着这些小家伙的壮举。

早期埃及人以为这圆球是大地的象征，甲虫翻滚圆球的行为是受其躯体的神圣性所驱动，因此称它们为圣甲虫。当时的埃及人还以为圆球里有甲虫的卵，幼虫会从里面钻出来。实际上，圆球是圣甲虫的食物储备。

这食物实在算不上高端，是圣甲虫清扫路上和田间的垃圾，从而制作出来的。圣甲虫头部边缘有 6 个细尖齿，排成半圆形。这就是它的挖掘和切割工具，用来撬起和去除不需要的，把需要的积聚起来。它的前腿弯成弓形，外侧配有 5 个硬齿，非常有力，左右一扫一拨，就能清出一片空地来。之后，它把需要的东西聚拢在一起，弄到肚腹下面 4 只后爪之间。它的后爪，尤其最后一对，又细又长，微微弯曲，顶端带有一个锋利的尖爪。它用后腿和肚腹配合，把拢到一起的食物挤压为初步形状，之后不断摇动和挤压，直到形成球形。一开始是个小弹丸，很快就有苹果一般大小。我曾见过食量大的圣甲虫旋出成人拳头大小的粪球。

食物圆球制作完毕后，需要运到合适的地方。它用长长的后腿搂住粪球，靠前腿移动，头朝下，臀部悬在空中，倒退着运送粪球。你可能会想，它应该选择平缓的路面，至少坡度不要太大。才不是呢！那个顽固的家伙偏偏要选择很陡的、很难攀登的斜坡。虽然坡陡道艰，一不小心便前功尽弃，可圣甲虫绝不气馁，哪怕需要数十次的重复，它也会顽强地战胜困难，完成任务。

圣甲虫有时会有同伴一起运输粪球。一般是这样：一只圣甲虫制成粪球之后，便倒退着推动战利品离开工地，附近一只圣甲虫刚刚开始制作自己的粪球，便突然放下手中的活计，跑来帮忙。这热心的家伙看似是来帮忙的，其实心怀叵测。制作粪球需要长时间的艰苦劳动，如果能抢个现成的，或者至少分一杯羹，那可划算得多。因此，有的假装跑来帮忙出力，有的则干脆强行抢走粪球。

这个小家伙努力翻滚着比自己还要大的圆球

　　　　　　　　　　　　法布尔：昆虫记

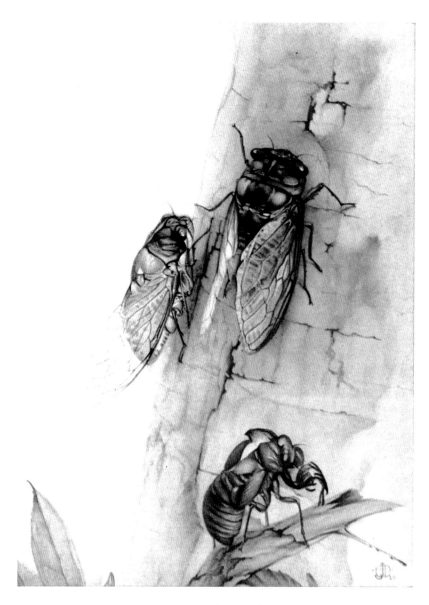

刚刚完成蜕皮的蝉，还不十分强壮

我有很好的条件来研究蝉的习性，因为我与它是同住的。每到 7 月初，它便占据了我房子门前的那棵树。我是屋里的主人，它却是门外的统治者，虽然它的统治远算不上平静。

　　蝉一般在仲夏开始出现。在人来人往、阳光充足的道路上，有好些圆孔，与地面相平，粗细如成人的拇指。蝉的幼虫就是从这些圆孔里爬出来，在地面上完成蜕变，成为完全的蝉。它们最喜欢特别干燥而且阳光充足的地方，它们用于挖掘的工具非常有力，能够刺透被阳光烘烤得极为坚硬的泥土和沙石。我甚至需要用手斧来挖掘它们的洞穴。

　　蝉的幼虫爬上地面之后，会在周围寻找合适的地方蜕皮，比如一棵小矮树、一株百里香、一片野草叶或者一枝灌木枝。找到后，它就爬上去，用前足的爪紧紧抓住，固定身体。

　　接下来，它开始蜕皮。外层的皮开始由背上裂开，露出里面淡绿色的蝉。头先伸出来，接着是吸管和前腿，最后是后腿和翅膀。此时，除尾端外，身体已完全蜕出。

　　之后，它会进行一连串奇妙的动作。除固着在旧皮上的部位外，整个身体向空中翻转，使头向下，带有褶皱的翼向外打开、完全伸展。接下来，它用力将身体快速上翻，用前爪钩住空皮，使得身体完全蜕出。整个过程大约需要半个小时。

　　刚刚完成蜕皮的蝉，还并不十分强壮，需要在日光和空气中沐浴成长，变得更有力量。此时，它仅凭前爪挂在蜕下的壳上，躯体仍然是绿色的，非常脆弱，一点儿微风都会让它摇摆不止。之后，褐色开始出现，并逐渐扩展到全身。假使早上 9 点钟爬上枝杈，它一般能在 12 点半钟完成蜕化并飞走，留下的空壳有时会继续挂在枝杈上长达数月。

南方有一种昆虫，与蝉一样，非常有趣，但名气要小很多，因为它不能像蝉那样歌唱。假使它身上也配有钹，它的名气绝对要比蝉这个有名的音乐家还要大，因为它在形状和习性上都极为特别。

在古希腊时期，这种昆虫叫作螳螂或先知。农夫们看见它在烈日下立在青草上，前半身直起，姿态庄重，宽阔轻纱般的薄翼在风中拖曳，前腿形状如臂，探向空中，如同在祈祷。在农夫眼里，它就像一名修女，因此被称作"祈祷的螳螂"。

这实在是大错特错！虔诚的姿态是骗人的，似乎在祈祷的手臂其实是最可怕的利刃，随时准备袭击经过的猎物，如饿虎般凶猛，如妖魔般残忍，专食活物。

单从外表看，它并不令人生畏，相反，它看上去相当美丽，姿态纤细而优雅，体色淡绿，长翼薄如轻纱。颈部柔软，头可以朝任何方向自由转动。昆虫中只有它能够向各个方向凝视，可谓眼观六路。它甚至还长有一张面孔。

与它这姿态优美柔和的躯体相反，它还长有极具杀伤力的武器，那就是它的一对前足。它的腰部较长，而且有力，大腿甚至要更长一些，下侧长着两排十分锋利的锯齿。锯齿后面，还长有 3 枚大齿。简单来说，它的大腿简直就是带有两排刀口的锯子。小腿同样是带有两排刀口的锯子，而且锯齿比大腿上的还要多。

休憩时，它的身体蜷缩在胸坎处，看起来人畜无害，是那个祈祷的昆虫。但一有猎物经过，不论是蝗虫、蚱蜢还是其他更加强壮的昆虫，它就会突然出击，把猎物重压在两排锯齿之间，动弹不得。

它就像一名修女，因此被称为"祈祷的螳螂"

法布尔：昆虫记

它们极为安静、隐避

很多昆虫都喜欢在我们居住的屋子里建筑巢穴，其中最有趣的莫过于泥蜂。它们的身材美丽，行为奇特，巢也极为奇妙，但是，却极少有人了解这种昆虫，甚至它们就生活在火炉边上，居住在屋子里的人都不会注意到它们的存在，这是因为它们极为安静、隐避，很难引起人们的注意。的确，吵闹的人更容易引人注意。我就来讲一讲这个不为人所注意的小昆虫吧！

泥蜂非常怕冷，以至于那能够让橄榄树茁壮成长、让蝉儿高歌的炎热阳光都不能让它们感到足够温暖，它们甚至需要住到我们的屋子里来。泥蜂一般选择农夫们的独栋茅舍屋门外高大的无花果树遮盖着门前的水井。它们会选择夏日里最炎热的地方，最好附近能有一个冬日里经常烧着的大壁炉。它们一般根据烟囱的颜色来判断冬天时的炉火旺不旺，如果烟囱没有被熏黑，说明火烧得不够旺，住在里面的人肯定要忍受寒冷。这样的房舍肯定不是好选择。

泥蜂的巢穴近乎圆筒形，口部比底部稍微大一些，一般长一英寸多（约 2.5 厘米），宽半英寸左右（约 1.3 厘米），表面经过非常仔细的打磨，带有横向线状凸起。每一条线，代表巢穴建造过程中盖上的一层泥土，数一数它们，就能知道，这些小泥水匠为了盖房子来回跑了多少趟路。一般的巢穴有 15 到 20 条线，也就是说，这些辛勤的建造者大概需要往返搬运材料多达 20 次。

法布尔：昆虫记

西班牙犀头（粪蜣螂）最显著的地方，是胸部的陡坡和头上的角。它躯体较圆且短，自然无法像圣甲虫那样制作和运输粪球。它的腿非常短，无法滚动粪球，稍受惊扰，就把腿蜷缩在身体下面。这样的体形，加之又不灵活，说明它完全无法一边走路一边滚动粪球。

的确，犀头生性并不活泼。夜里或黄昏时，它如果寻到食物，会就地挖洞。洞穴挖得很草率，最大不过一个苹果大小。它会把刚刚找到的食物堆进来，杂乱无章地把洞穴填满，这充分说明它的贪食。只要食物够吃，它就一直待在里面。食物吃完后，它就爬出来，寻找新的食物，再就地挖洞，躲起来吃。

我把它放到我的昆虫屋里面，进行更加仔细的长时间观察。起初，它有些胆怯，但之后逐渐胆壮起来，一夜之间把我提供给它的食物全部储存了起来。一段时间之后，它把圆球做好了，它爬到圆顶上面，慢慢压出一个浅浅的穴，把卵产在里面，把边缘合拢起来，盖住卵，再把边缘向上顶，让圆球变成椭圆形。它的洞穴中藏着三四个这样的球，相互紧挨着，细小的一端朝上。

长时间的劳动之后，谁都以为它要像圣甲虫一样，出去寻找自己的食物了，但它没有出去，而是一动不动地守着，自打钻入地下之后，就一点儿食物都没有吃过，宁肯自己挨饿，也要为子女准备好食物，不让它们受苦。

它的洞穴中藏着三四个这样的球

　　　　　　　　　　　　法布尔：昆虫记

黄蜂的做法极为符合物理学和几何学的定律

黄蜂的巢用一种薄而柔韧的材料做成，很像一种棕色的纸，实际上是木头碎屑。巢上有一条条带，颜色根据所用木头的不同而不同。如果用一整张"纸"做成，蜂巢将难以抵御寒冷。黄蜂懂得通过多层外壳中间的空气作为缓冲，来保持温度。它们把巢做成宽鳞片形状，一片一片松松地铺起来，构建出多个层次，使得整个蜂巢呈现粗糙的毛毯状，厚厚的，有很多孔，内部含有大量空气。天气炎热时，里面的温度一定非常高。

　　蜂王也按照同样的原则，建筑自己的巢。在杨柳树树干的孔中，或者在空粮仓里，它用木头碎片，做成脆弱的黄色纸板，拿来包裹自己的巢，把它们一层一层重叠着搭建起来，就像一层一层凸起的大鳞片。各层之间的宽阔缝隙里充满空气，空气流动性不强，使得热量更加容易保存。

　　黄蜂的做法十分符合物理学和几何学的定律。它们利用空气这种不良导体来保持巢内的温度。它们在人类还远远未曾想到制作毛毯之前就已经做出来了。它们在建筑巢的外墙和房间时，知道如何利用最少的材料，创造出最大的内部空间，实现空间和材料上的双赢。

　　　　　　　　　　　　　　　　法布尔：昆虫记

居住在草地里的蟋蟀，差不多和蝉一样有名。它之所以如此名声在外，一来在于它的歌声，二来在于它的住所，二者缺一不可。可惜，擅长以动物喻人的法国寓言作家拉封丹为蟋蟀设计的台词实在太少。

还有一位法国寓言作家写过一篇关于蟋蟀的故事，可惜缺乏真实性和幽默感，把蟋蟀描绘成一种不满足于现状的昆虫。但这是荒谬的，只要研究过蟋蟀，就会知道它对自己的歌唱才华和住所多么满意。

我经常看到蟋蟀惬意地在洞口休憩，卷动触须，让身体前侧凉快一些，后侧暖和一些。它完全不妒忌在空中起舞的蝴蝶，相反，它反倒有些怜惜它们，就像有房子的人面对无家可归的人会具有的那种怜悯。蟋蟀从来不会诉苦，它对自己拥有的房屋和小提琴般的声音非常满意。它是真正的哲学家，知道什么是有价值的，什么是次要的，不会没有节制地去追逐所谓的欢乐。

在建造洞穴方面，蟋蟀算得上超群出众。在各种昆虫当中，只有蟋蟀长大之后，拥有固定的住所，这来源于它的辛勤劳动。在一年中最坏的时节，大多数昆虫会选择一个临时的场所暂且躲避，这样的场所得来容易，放弃时，也不觉得可惜。只有蟋蟀的家是为了安全和温馨而建造。它会非常慎重地选择一个最佳场所，排水条件要好，阳光要充足而温暖。它宁肯放弃天然而成的洞穴，因为这样的洞都不适合，太过粗糙，它要亲自动手挖掘洞穴和每一个房间。

它对自己拥有的房屋和小提琴般的声音非常满意

法布尔：昆虫记

西西弗斯对这些磨难毫不在意

希望你们还没有厌倦关于清道的甲虫做球的故事，讲过了圣甲虫和西班牙犀头，接下来，我再讲讲另一种类似的昆虫。

它就是西西弗斯。在所有做球的昆虫中，它体形最小，最为勤劳，也最为活泼和灵敏，毫不在意在艰难的道路上倾倒和摔跟头，摔倒就爬起来，再摔倒再爬起来，毫不气馁。正是这一特质为它赢得了西西弗斯这个名字。

我们都知道，传说中的那位人物，实在悲惨，必须把一块巨石推上山顶，但那巨石太重了，每次将将要推到山顶，就又滚下山去，他不得不永无止境地重复做这件事。我喜欢这个传说。我们很多人都有这样的历史，就拿我来说，在陡峭的前行道路上已经艰难攀爬 50 多年，为了担住压在身上的重担，挣得每天所需的面包，每天都要耗尽每一分力气，可这面包依旧会滑落，滚下深渊去。

西西弗斯对这些磨难毫不在意，在陡峭的山坡上专心致志地滚动着粮食，有时是供给自己的，有时是供给子女的。

球外层是一层硬壳，保护里面柔软的食物，以免它变得太过干燥。从身段上可以看出，走在前面的是母亲，因为她的体形更大，她用长长的后足着地，前足放在球上，把球向自己身边拉，退着走。父亲在球的另一面，头朝下，在后面推。

柯比：欧洲的蝴蝶和飞蛾

作　者

William Forsell Kirby

威廉·福塞尔·柯比

书　名

European Butterflies and Moths

《欧洲的蝴蝶和飞蛾》

版本信息

1882, London

威廉·福塞尔·柯比

威廉·福塞尔·柯比（1844—1912），英国昆虫学家和民俗学家。柯比出生于莱切斯特，是家中长子，父亲塞缪尔·柯比是一名银行家。柯比从小接受私人教育，很早就对蝴蝶和飞蛾表现出浓厚兴趣。举家搬到布莱顿后，柯比很快与亨利·库克、弗雷德里克·梅里菲尔德和 J. N. 温特熟悉起来。

柯比在 1862 年出版了《欧洲蝴蝶手册》，1867 年担任都柏林皇家学会博物馆馆长，1879 年进入大英博物馆自然历史馆任职。

柯比兴趣广泛，精通多门语言，把芬兰民族史诗《卡勒瓦拉》翻译成了英语。他的译本准确再现了原文韵律，对约翰·罗纳德·瑞尔·托尔金的文学创作具有重大影响。他还为理查德·伯顿翻译的《一千零一夜》提供了诸多注释。

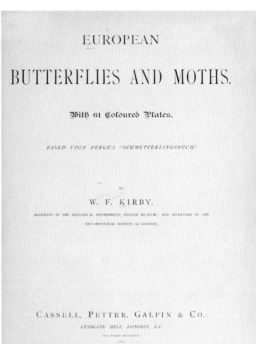

柯比像　　　　　　　　　　　　　《欧洲的蝴蝶和飞蛾》扉页

　　他编辑了三卷本的直翅类昆虫目录册，囊括当时已知的所有直翅类昆虫。

　　他的主要著作包括：《欧洲蝴蝶手册》（1862）、《鳞翅目昆虫手册》（1896）、
《相似蝴蝶和飞蛾》（1901）、《欧洲的蝴蝶和飞蛾》（1903）以及三卷本《直翅
类昆虫同物异名目录》（1904、1906、1910）。

几乎每个孩子都在树林和原野里追逐过蝴蝶，养过蚕或其他蛾类，看到它们破蛹而出时都会感到惊奇和喜悦。

本书的目的是把整个欧洲的大鳞翅类（Macrolepidoptera）昆虫介绍给昆虫学家和业余爱好者。在此之前，除了一本专门描述蝴蝶的袖珍手册外（已基本绝版），英国出版的同类书籍都仅仅涵盖英国本土的昆虫种类。经过仔细考虑，本书决定以德国《贝尔格的蝴蝶书》（*Berge's Schmetterlingsbuch*）为基础进行展开和编辑，该书是德国内容最丰富、使用最广的同类书籍，主要描绘欧洲中部的蝴蝶和蛾类昆虫，已经过 5 次重印，且经过经验丰富的著名昆虫学家不断修正。本书将范围扩展到整个欧洲，涵盖包括英国在内的整个欧洲地区的蝴蝶和飞蛾。为此，本书以施陶丁格和沃克在 1871 年发布的欧洲及相邻国家鳞翅类昆虫名录为基础，按照如今的昆虫学研究成果，增加了大量内容，可以说是迄今为止在英国和欧洲大陆出版的最为全面的鳞翅类昆虫研究著作。此外，本书还加入多版彩色插画，力求以最为生动的方式把这些美丽的大鳞翅类昆虫充分展示出来。

考虑到小鳞翅类（Microlepidoptera）昆虫体形微小、数量庞大，并不特别受普通读者所关注，本书并未对它们进行详细描述，毕竟仅仅把一些并不受收藏者关注的小型蛾类加入进来，本书的篇幅就得增加一倍。

蝴蝶和飞蛾属于鳞翅目昆虫，与其他昆虫差异巨大，比如它们的口器为了进食而具有特别的构造，它们的 4 扇膜质翅膀正反两面都带有彩色鳞片。它们要经历 3 个完整的发育阶段：幼虫阶段，此时形状上与蠕虫有些相似，但具有进食所需的颚；接下来是蛹阶段，此时它们把自己包裹在结实的外壳里，不甚活动，也不取食；然后是成虫阶段，此时它们已经长出触角、喙、足和翅膀，已经能够飞行和进行繁殖。它们仅在幼虫阶段生长，蛹和发育完成的成虫不再变大。

蝴蝶形态优美，颜色多样，斑纹复杂，在空中和花朵旁翩翩起舞，一直受到自然爱好者喜爱。几乎每个孩子都在树林和原野里追逐过蝴蝶，养过蚕或其他蛾类，看到它们破蛹而出时都会感到惊奇和喜悦。这等欢乐的儿时记忆又会引领着成年人再次把目光转向这些优美的昆虫，用科学来研究它们。自古时起，蝴蝶和飞蛾的美丽与神奇变形就让人着迷，甚至有人虔诚地在它们身上寻找灵魂甚至永生的符号，当人们看到如此美丽的昆虫挥动翅膀从黑暗、寂静的蛹中破蛹而出时，他们好像看到人的灵魂从腐朽的尸体离开，进而升华。

欧洲蝴蝶只在白天飞行，很少在早上出现，总是等到太阳把叶片上的露珠烤干，才会出来活动。它们从不在雨天飞行，阳光昏暗时，也很少出来。但在热带国家，很多种类的蝴蝶，尤其是暗色蝴蝶，主要在黄昏时出来飞舞。

（编译自柯比《欧洲的蝴蝶和飞蛾》一书前言及导读）

蝶类

蝴蝶分为多个科，各科间形态差异巨大。蝴蝶部分节选的 6 版图片展示的蝴蝶主要出自凤蝶科、粉蝶科和蛱蝶科。

凤蝶科（版 2、版 3）

鸟翼凤蝶（主要分布在东印度）体形巨大，翅展接近 1 英尺（约 30.5 厘米），是世界上最大的蝴蝶物种。优美的燕尾凤蝶则在所有热带国家都数量众多，分布广泛。凤蝶科蝴蝶在寒冷国家分布较少，但在所有当地蝴蝶物种中依然是体形最大的，形态最优美的。欧洲凤蝶一般为白色或黄色，其他地区的凤蝶颜色则更加多样。它们虽然飞行速度快，也能飞得很高，但一般在空旷处活动，时不时落在花朵上或湿地上，因此容易捕捉。

粉蝶科（版 5）

粉蝶科蝴蝶与凤蝶科的一个巨大区别是其后翅内缘并不内凹。体形中等，一般为白色或黄色，边缘大多为黑色、非齿状。活跃于花园、田野、林边等开阔地带。其他地区的粉蝶科蝴蝶也大多为白色或黄色，但有些物种翅反面带有其他颜色。

蛱蝶科（版 6、版 7、版 9）

蛱蝶科蝴蝶体形中等或较大，颜色一般为亮色，包括红蛱蝶属、网蛱蝶属、豹蛱蝶属、环蛱蝶属等。

柯比：欧洲的蝴蝶和飞蛾

凤蝶属蝴蝶体形大，前翅宽阔、呈三角形，后翅边缘齿状，尾突较长。颜色为黄色，具黑色斑点和斑纹，后翅臀角处有1枚眼状大斑。

版2图1（a—d）所示为欧洲杏凤蝶。翅面淡黄色，具黑色横向斑纹带，前翅上位于中间的斑纹带较短；后翅边缘黑色，具蓝色新月形斑纹。尾突较长，眼状斑正面橙色，反面蓝色。翅展2.75—3.5英寸（约7—9厘米）。常见于5月和7月，喜欢活跃在林边的空旷地带，在欧洲中部和南部、非洲北部、亚洲西部以及波斯和阿尔泰都很常见。曾在英国栖息，但现在已不可见。各变种间体形大小、颜色深浅以及尾突长短都不相同。幼虫体形较粗，尾端收缩，躯体绿色，背部和两侧有黄色条纹以及点缀有红点的横向黄色条纹。向蛹转化时，躯体会变为黄色。

版2图2所示为黑带金凤蝶。翅正面黄色，有黑色横向斑纹，后翅亚缘部有蓝色斑纹带。眼状斑红黄色。翅展2.5—3英寸（约6—8厘米）。5月至7月间可见于欧洲南部阿尔卑斯山脚下的草地里，但并不特别常见。幼虫绿色，有黑色条纹以及黑色和黄色斑点。

版2图3（a—d）所示为金凤蝶。翅面硫黄色，前翅基部黑色，翅脉黑色。前缘脉有黑色斑点，亚缘部有黑色宽色带。后翅外侧黑色，有蓝色斑点，眼状斑红色。前后翅后缘处均有黄色半月形斑。翅展3—4英寸（约8—

10厘米）。夏天常见于欧洲、非洲北部以及喜马拉雅山脉地区和西北美洲。幼虫绿色，两侧有黑色横纹，点缀有橙色点。

锯凤蝶属蝴蝶体形中等，触角较短，翅面黄色，有黑色斑纹和红色斑点，前翅在顶角处弧度较圆，后翅边缘齿状。

版2图4所示为*Thais hypermnestra*（无中文译名，暂译为环锯凤蝶）。翅正面淡黄色，前翅有黑色斑纹，翅脉黑色，外缘附近有1条较宽黑色斑纹带。后翅边缘齿状，亚缘部有黄色带，向内为蓝色带，再向内有红斑。翅展2—2.5英寸（约5—6厘米）。2月到5月间常见于欧洲阿尔卑斯山南部地区。

版2图5所示为缘锯凤蝶。翅面淡黄色或赭黄色，有黑色斑点，翅脉黑色。前翅边缘黑色，翅面中间和边缘处有黄色斑点，另有5枚红斑，顶角附近有1枚透明斑纹。后翅边缘齿状，亚缘部有黑色斑纹带，内有红色斑，基部另有1枚红色斑。翅展1.5—2.5英寸（约4—6厘米）。常见于4月和5月。

版2图6所示为帅绢蝶属蝴蝶，相比形态类似的绢蝶属，唇须较短，触角更弯，雌蝶没有角质臀袋。翅展2—2.5英寸（约5—6厘米），前翅透明，白色，稍带暗褐色，前缘脉处有2枚黑色大斑。后翅圆形，翅面黄色，边缘有1排黑色蓝心眼状斑，向内有1排红色半月形斑。2月和3月间见于小亚细亚的山区和部分希腊岛屿。

绢蝶属蝴蝶体形较大，一般为白色或黄色，翅圆，边缘半透明，前翅前缘脉处有至少2枚黑色大斑，后翅有2枚红色圆形斑。

版3图1（a—d）所示为阿波罗绢蝶。白色，前翅有几枚黑色大斑纹，其中1枚在内缘附近。后翅有2枚红色眼状大斑，中心为白色，外圈为黑色。翅反面有数枚红色斑点，触角白色。翅展2—4英寸（约5—10厘米）。体形最大的标本来自西伯利亚。常见于欧洲和北亚的山区。曾被认作为英国蝴蝶物种，但实际上不见于英国，也不见于整个欧洲西部和北部，但在西班牙常见。主要出现在6月到8月间，飞行较慢。

版3图2（a—b）所示为福布绢蝶。与阿波罗绢蝶相似，但体形更小，翅展2.25—2.5英寸（约6厘米）。前翅上的黑斑更小，其中有一枚或数枚带有红色，另外，雄蝶翅面内缘上的斑纹经常缺失。触角为黑白色。7月时可见于阿尔卑斯山，但活动的海拔比阿波罗绢蝶更高。也见于亚洲北部和喜马拉雅山部分地区。相比阿波罗绢蝶，福布绢蝶在欧洲更加稀少，地域性更强。

版3图3（a—c）所示为觅梦绢蝶。翅面白色，前翅顶角处显暗色，前缘脉附近有2枚黑色斑，但无红斑。翅展2—2.5英寸（约5.7—6.4厘米）。主要分布于斯堪的那维亚半岛、欧洲中东部，以及小亚细亚的山区。曾被认为英国物种，但缺乏有力证据。一般在每年6月和7月出现，幼虫在4月和5月开始出现，但在白天会藏起来。

豆粉蝶属蝴蝶体形中等，黄色，翅圆，翅边缘黑色、带黄斑。前翅正反面中间位置均有 1 枚黑斑。后翅反面中间有 1 枚白斑，周围颜色较深，附近经常有 1 枚暗色小斑，一起形成近似于 "8" 形图案。触角向外逐渐变粗。

版 5 图 1 所示为雄性黑缘豆粉蝶。雄蝶翅正面硫黄色，雌蝶白绿色，边缘有黑色宽纹带，最外缘玫红色。翅反面绿色，后翅微带黑色，中部有 1 枚白色小斑，小斑周围为褐色。翅展 1.5—1.75 英寸（约 3.8—4.5 厘米）。黑缘豆粉蝶曾被误认作英国物种，见于欧洲中部和北部的沼泽地带和山区以及西伯利亚地区，但区域性极为明显，欧洲南部、英国各岛以及欧洲大陆其他地区都没有分布。对于它出现在格陵兰岛、冰岛和北美地区的说法，尚需验证，有可能是其他蝴蝶物种被误认作它了。多见于 6 月和 7 月。

版 5 图 2 所示为菲云豆粉蝶。雄蝶翅正面黄绿色，雌蝶白绿色，翅脉黑色，翅边缘黑色、有黄斑。前翅中部有 1 枚黑色斑，后翅则有 1 枚黄色斑。后翅反面中部有 1 枚白色斑，周围有玫红色环绕。前后翅边缘最外侧均为玫红色。翅展 1.5—2 英寸（约 3.8—5.1 厘米）。7 月和 8 月时常见于比利牛斯山脉、阿尔卑斯山脉和喀尔巴阡山脉海拔 3000 英尺（约 900 米）以上的山区。

版 5 图 3（a—b）所示为豆粉蝶。雄蝶翅正面硫黄色，雌蝶白绿色，边缘有黑褐色斑纹带，内有淡黄色斑。前翅中部有 1 枚黑色斑，后翅中部有 1 枚黄色斑。翅展 1.5—2 英寸（约 3.8—5.1 厘米）。豆粉蝶在英格兰东南部曾经极为稀少，但随着苜蓿（幼虫以此为食）的大面积种植，现在已经分布到英国各岛。豆粉蝶是分布最广的蝴蝶物种之一，广布欧洲和亚洲众多地区。幼虫绿色，有黄色纵向条纹，一般出现在 6 月和 7 月。

版 5 图 4（a—d）所示为雌雄红点豆粉蝶的幼虫和成虫。翅面亮橙色，有黑色宽边，雄蝶翅脉黄色，雌蝶有淡黄色斑点。后翅中部有 1 枚红黄色斑，翅反面相应位置有 1 枚银白色斑，被 2 条褐色纹环绕。幼虫暗绿色，侧边有 1 条白色条纹，条纹上点缀有黄点。经常出现在苜蓿田里，飞行高度虽低，但速度较一般蝴蝶更快，所以，除非等它落在花朵上，否则很难捕捉。

　　　　柯比：欧洲的蝴蝶和飞蛾

版 6 图 1 所示为优红蛱蝶。翅面天鹅绒黑，1 条橘红色斑纹带穿过前翅，一直延伸到后翅边缘。后翅有 1 排黑色斑点，臀角处有 1 枚蓝色斑。前翅顶角处点缀有白色，近外缘处有 1 条蓝色斑纹。前后翅边缘均带点缀有白色。翅展 2—3 英寸（约 5—7.6 厘米）。常见于欧洲、北非和西亚各地的花园里。每年发生一代，北欧地区在夏秋之前很难见到成蝶。

版 6 图 2（a—c）所示为黄缘蛱蝶。翅面深棕色，边缘有白色或黄色宽纹带，前翅前缘脉处有 2 枚同样颜色斑点。边缘内侧有 1 排蓝色斑。翅反面黑色，具白边。翅展 2.5—3.5 英寸（约 6—9 厘米）。一年中大部分时间在欧洲大部、非洲北部、亚洲北部和西部以及北美地区均较常见，但欧洲地区个体相对体形较小。幼虫黑色，背部有黑色刺和锈色斑，足为同样颜色。

版 6 图 3（a—c）所示为孔雀蛱蝶。翅面暗红色，有褐色边。前翅前缘脉处有 2 枚黑色斑块，中间由 1 枚黄色斑隔开。除这些斑纹外，翅面还有黄色、黑色、蓝色、红色和白色。这些斑纹下侧有 2 枚白色斑。后翅前角处有 1 枚黑色大斑，内有蓝色斑点，外套暗黄色圆环。一年中大部分时间在欧洲中部和南部以及亚洲西部和北部（包括日本）都很常见，但在欧洲北部（包括苏格兰）少见，据说不见于安达卢西亚和西西里。翅展 2—3 英寸（约 5—7.6 厘米）。幼虫黑色，有白点。

版 6 图 4 所示为荨麻蛱蝶。翅面橙红色，后缘黑色，前后翅外缘均有蓝色斑点。前翅前缘脉处有 3 枚黑色大斑，中间被黄色斑隔开，最外侧有 1 枚白色斑。前翅内缘附近还有 1 枚黑色大斑，中部有 2 枚较小斑纹。后翅基部主要为黑色。翅展 1.5—2.25 英寸（约 3.8—5.7 厘米）。在欧洲和亚洲西部地区的花园和草丛中很常见。

版 6 图 5 所示为大绯蛱蝶。翅面黄褐色，后缘黑色，后翅后缘有蓝色斑点。前翅前缘脉处有 3 枚黑色大斑，中间被淡黄色斑隔开，翅面中部有 3 枚黑色斑，臀角附近也有 1 枚黑色斑。后翅前缘脉中心有 1 枚黑色斑，斑外侧为淡黄色。翅展 1.75—2.75 英寸（约 4.5—7 厘米）。一年间在欧洲中部和南部（包括英格兰南部）以及亚洲北部和西部都很常见。

A.B.

版 7 图 1 所示为朱蛱蝶。与大绯蛱蝶极为相似，但颜色更红，翅更短，翅缘齿状更突出，前缘脉处的第一枚黑色斑被分割成了 2 枚圆斑，最后一枚黑色斑外侧有 1 枚白色斑。腿淡黄色，大绯蛱蝶则为褐色。翅展 2—2.5 英寸（约 5—6.3 厘米）。朱蛱蝶是东欧本地物种，多出现在河边附近，因为幼虫（蓝黑色，有白点，背部和侧面有白色条纹，有黑刺）5 月到 7 月间生活在柳树上，以柳树的嫩叶为食。成蝶多见于 7 月到 9 月。

版 7 图 2（a—d）所示为成长各阶段中的白钩蛱蝶。翅面赤褐色，有深棕色斑纹和边缘，边缘处有蓝色半月形斑。翅反面棕色，有时稍带绿色、黄色和白色，后翅中部有 1 枚 "C" 形白斑。前后翅均外突明显，后翅边缘中部的外突角度最为明显。前翅内缘内凹。翅展 1.5—2.25 英寸（约 3.8—5.7 厘米）。夏季大部分时间里在欧洲以及亚洲的田野里和树林旁都可见到。在英格兰和威尔士的分布仅限于部分地区。幼虫棕色，多刺，背部红色，前半部黄色，后半部白色，头部有 2 根短刺。

版 7 图 3（a—d）所示为成长各阶段中的小红蛱蝶。翅面砖红色，有黑色斑。前翅顶角处和后缘处大部黑色，顶角处点缀有白斑。后翅反面黄灰色，点缀有其他颜色，中部有 1 枚三角形大白斑。边缘处有 1 条蓝色斑纹带，内有 4 枚黑色眼状斑，眼状斑外圈为灰白色。前翅后缘稍有内凹，后翅则更圆并外突。翅展 2—2.75 英寸（约 5—7 厘米）。除南美外，全世界范围内在夏天都能见到小红蛱蝶。幼虫暗棕色，有黄色斑点，背部和侧面有黄色条纹，刺为黄色或灰色。

版 7 图 4（a—b）所示为蜘蛱蝶的幼虫和成蝶状态。翅展不超过 1.5 英寸（约 3.8 厘米）。前翅后缘有 2 处轻微外突，后翅外缘中部急剧外突。4 月和 5 月发生的第一代成蝶为黄褐色，有黑色斑，前翅顶角处附近有 3 枚白色斑，前后翅整个翅面均有黑色斑成排穿过。翅反面红褐色，掺杂有紫罗兰色和淡黄色，翅脉淡黄色，翅面有淡黄色斑纹横向穿过。7 月和 8 月发生的第二代成蝶为黑色，翅边缘红色，有白色横向斑纹带。翅反面较第一代成蝶颜色更红，黄斑被白斑所取代。这两者之间也有过渡变种。将其认定为英国蝴蝶物种的说法是错误的，多见于欧洲中部和南部以及亚洲北部和西部地区的潮湿树林里。幼虫黑色，有时有棕色条纹，刺黑色或棕色，头部长有刺。

柯比：欧洲的蝴蝶和飞蛾

版 9 图 1 所示为女神宝蛱蝶。后翅反面暗色部分紫色，翅面有 1 条紫罗兰色斑纹，基部有 2 列银色和黄色斑点。夏季和秋季在欧洲中部和南部以及亚洲西部地区的树林里较为常见。

版 9 图 2 所示为 *Argynnis amathusia*（无中文译名，暂译为艾玛豹蛱蝶）。边缘线为双层，有黑色箭形斑，箭头之间为银白色斑。翅面中部的斑纹带由白色斑点组成，微带褐色，呈不规则齿状。翅面上还有 1 条紫罗兰色斑纹，微显淡银色。外侧圆斑为暗褐色。翅展 1.25—1.75 英寸（约 3.2—4.4 厘米）。6 月和 7 月间在阿尔卑斯山脉中等海拔处，以及在俄罗斯平原地带和欧洲东部邻近地区可以见到。幼虫黑色，背部和侧面有暗色条纹，具黄色刺。

版 9 图 3 所示为凸纹豹蛱蝶。翅正面颜色较亮，雄蝶前翅有 2 条较粗翅脉，雌蝶顶角处无淡白色斑。翅展 1.75—2.25 英寸（约 4.4—5.7 厘米）。7 月时在欧洲大部分地区（包括英国）和亚洲西部地区较为常见。幼虫暗灰色，背部有中断的白色条纹。

版 9 图 4（a—d）所示为各成长阶段的暗绿豹蛱蝶。翅面中部有 2 道银色条纹，边缘处还有 1 排银色斑。翅展 2.25—2.5 英寸（约 5.7—6.4 厘米）。暗绿豹蛱蝶是整个欧洲（包括英国各岛）以及亚洲北部和西部地区最为常见的大型豹蛱蝶物种，7 月和 8 月时经常出现在草地和树丛里。幼虫黄色，背部有 1 条黑色条纹，两侧有红色斑点，刺为黑色。

版 9 图 5 所示为银纹豹斑蝶。后翅反面黄褐色，有数枚椭圆形银白色大斑，大斑之间又有一些小斑。翅展 1.75—2 英寸（约 4.4—5.1 厘米）。在整个欧洲、亚洲西部和北部到喜马拉雅山脉地区以及非洲北部都有分布，在林间小道上经常能够见到。幼虫灰黑色，背部有白色条纹，体侧有黄棕色线条，刺短、砖红色。

版 9 图 6（a—d）所示为各成长阶段的绿豹蛱蝶。后翅反面绿色，有 1 条银白色斑纹从翅面中部穿过。雄蝶颜色比雌蝶更亮，前翅中部的 4 条翅脉主体黑色。翅展 2.5—3 英寸（约 6.4—7.6 厘米）。7 月和 8 月时在欧洲全部地区和亚洲西部地区常见，喜欢活动在树林里或树林附近的空旷地带，经常落在高度适中的花朵上。幼虫黑褐色，背部有 1 条淡黄色宽斑纹，刺很长。

16.

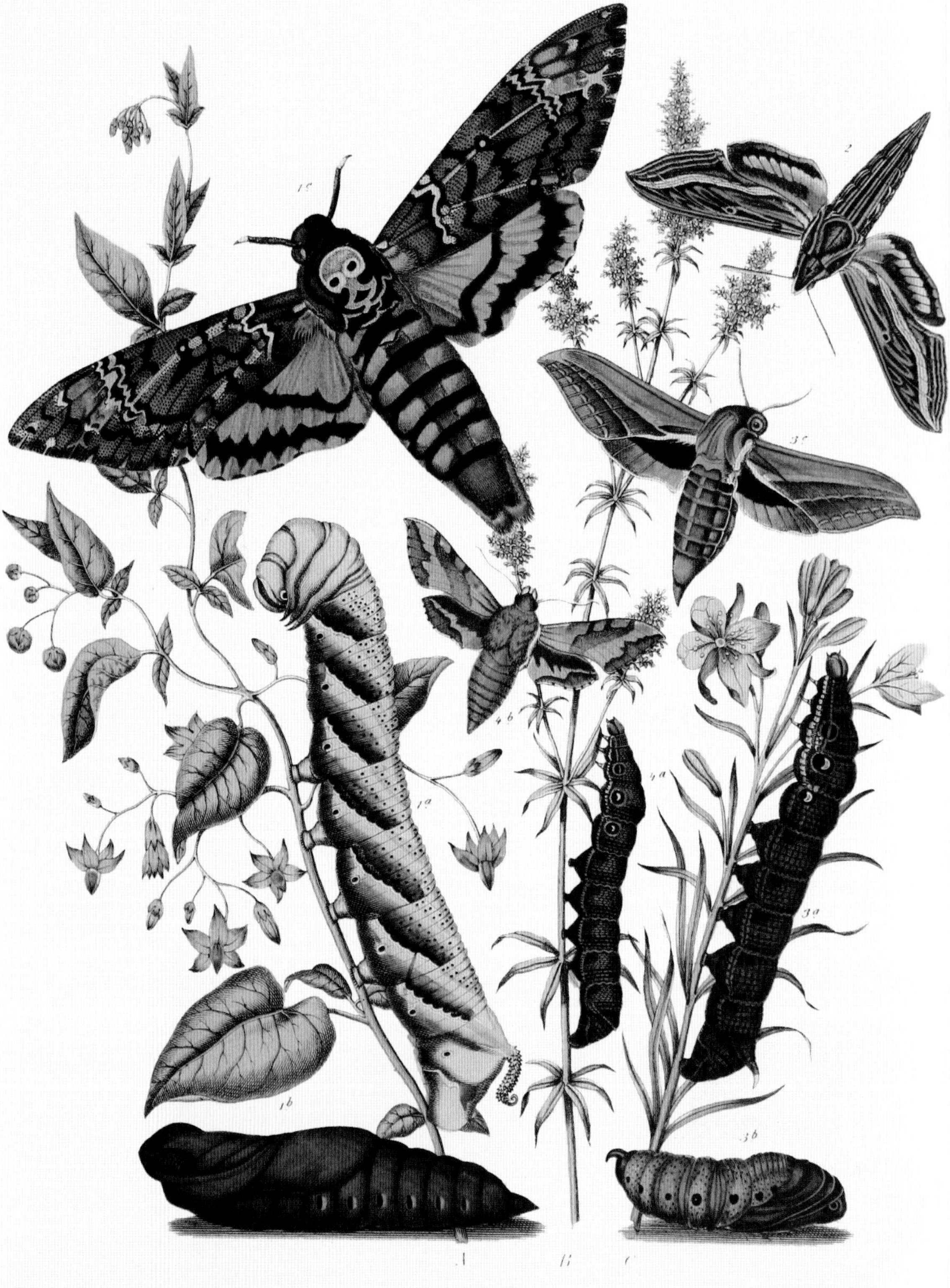

蛾类

蛾类部分的图片均属于天蛾科。天蛾科体形较大或中等，躯体粗壮，翅膀强健有力。前翅较长，后缘又长又倾斜；后翅相比短小很多，也更窄，打开时都不到腹部一半的位置。触角短，唇须短且鳞片密集。喙一般强壮，螺旋形，较长，很少有又软又短的。前翅有 11—12 条翅脉，但只有 1 条亚中脉，第 7 和第 8 条翅脉出自同一条主脉。后翅一般有翅缰，2 条亚中脉，还有其他 7 条翅脉。前缘脉和亚前缘脉在基部附近由 1 条横向短翅脉相连。翅反面主体颜色和斑纹颜色都更暗。幼虫圆筒状，表面呈颗粒状质地，躯体第 12 节有 1 处突起。蛾类飞行有力、迅速，喜欢在花朵上盘旋，吸食花蜜。飞蛾大多在黄昏和夜间活动，分布较广。

版 16 图 1（a—c）所示为各成长阶段中的鬼脸天蛾。在欧洲较为少见，只在个别年份数量相对丰富一些。夜间飞行，不吸食花蜜，而是吸食树木分泌的汁液。喜欢蜂蜜，有时会飞进蜂窝去盗蜜，易受亮光吸引。飞行的力量和耐力比大多数昆虫更强，经常在海上出现，距离最近的陆地也会有数英里远。翅展 4—5 英寸（约 10—12.7 厘米），是英国已知的体形最大的鳞翅目昆虫之一，在整个欧洲，也只有天蚕蛾比它体形更大。一般在 8 月到 10 月出现。

版 16 图 2 所示为后红斜线天蛾。前翅褐色，有黑色和银白色纵向短斑纹。前缘脉中部稍下位置有 1 枚黑色斑。后翅玫红色，后缘和翅面中部的斑纹带黑色。翅展大约 3 英寸（约 7.6 厘米）。5 月和 6 月以及秋季时在欧洲中南部、非洲以及亚洲南部都很常见。幼虫绿色或棕色。

版 16 图 3（a—c）所示为各成长阶段中的 *Choerocampa elpenor*（无中文译名，暂译为大象鹰天蛾）。前翅面橄榄绿色，前缘脉、后缘和 2 条斜向斑纹为玫红色。后翅面玫红色，基部黑色。体橄榄绿色。翅展大约 2.5 英寸（约 6.4 厘米）。5 月和 6 月时在欧洲以及亚洲西部和北部都很常见。幼虫绿色或棕色，有深色斑点。触角短、宽、弯曲。

版 16 图 4（a—b）所示为 *Choerocampa porcellus*（无中文译名，暂译为小象鹰天蛾）的成虫和幼虫。前翅黄色，前缘脉部位有玫红色斑，后缘大体为玫红色。后翅前缘脉黑色，后缘玫红色。体玫红色。翅展大约 2 英寸（约 5 厘米）。5 月和 6 月时在欧洲大部分地区以及亚洲西部和北部地区都很常见。幼虫与大象鹰天蛾幼虫极为相似。

版 17 图 1（a—b）所示为松天蛾的成虫和幼虫。前翅灰色，前缘脉附近有 2 条有些模糊的红褐色斑纹带，以中间为基点，向内延伸到基部，向外延伸到后缘。此外，前翅面还有 2—3 条黑色纵向短条纹，顶角处也有 1 条。后翅暗灰色，基部颜色较淡。腹部带黑色和灰白色斑纹。翅展不足 3 英寸（约 7.6 厘米）。在欧洲大部地区（最南端除外）都很常见，但在英国一直比较稀少。经常在傍晚停留在金银花上，或者白天停留在杨树等树干上。成虫在 5 月到 7 月出现。幼虫绿色，有白色纵向条纹，背部有 1 枚不规则形状红色斑纹。

版 17 图 2（a—b）所示为白薯天蛾的成虫和幼虫。前翅灰色，个体间颜色有更深或更浅，翅面中部有 2 条黑色窄斑纹，顶角处也有 1 条。后翅淡灰色，有 4 条黑色斑纹带，中间的 2 条挨在一起，很少分开。腹部有黑色和肉色斑纹，肉色斑纹与白色相接。翅展 4—5 英寸（约 10.2—12.7 厘米）。8 月和 9 月时在整个旧世界（北部除外）都很常见，以蛹越冬的成虫在 5 月和 6 月就能看见。欧洲中部只有在特定的年份才能大量见到，能在黄昏时捕捉到在花园里飞舞的成虫。幼虫黄棕色或绿色，有赭黄色斜条纹，上侧为暗棕色。

版 17 图 3（a—c）所示为各成长阶段中的红节天蛾。前翅褐色，向前缘脉和后缘方向颜色变淡，中部有数条纵向黑色短斑纹。后翅淡粉色，有 3 枚黑色横向斑纹带。腹部有黑色和玫红色斑纹。翅展 3.5—4.5 英寸（约 8.9—11.4 厘米）。从 5 月到 7 月在欧洲大部分地区（极北部地区除外）、非洲北部以及亚洲西部和北部地区都很常见。幼虫更常见，很多标本都是通过喂养幼虫而来。幼虫绿色，体第 4 节之后两侧有白色斜条纹，上侧淡紫色。

17

19.

版 19 图 1（a—c）所示为各成长阶段中的钩翅天蛾。前翅后缘呈不规则齿状，翅面灰白色、灰紫色或砖红色，后缘暗绿色，顶角处有 1 枚白色斑块。翅面中部有 1 条暗绿色斑纹带，一般由 2 枚不规则形状斑纹组成。后翅黄色或红色，中部外侧有 1 条暗色斑纹带。翅展 2.5—3 英寸（约 6.3—7.6 厘米）。常见于欧洲（北部和极南部除外）和西伯利亚地区。幼虫绿色，体第 4 节之后各节有斜纹，斜纹正面红色，反面黄色。触角一般为红色。

版 19 图 2 所示为栎六点天蛾。前翅淡黄褐色，后缘呈不规则齿状，翅面有几条暗色横向斑纹线，后缘、第 3 条斑纹线外侧以及第 2 条斑纹线内侧向前缘脉方向稍显褐色。后翅黄褐色，臀角附近有 1 枚白色大斑。前后翅臀角处均有 2 枚红褐色小斑。翅展 3.5—3.75 英寸（约 8.9—9.5 厘米）。在欧洲南部和小亚细亚较为少见。幼虫与欧洲黄脉天蛾幼虫相似，但斜纹可宽可窄，触角淡蓝色，头部橙黄色。

版 19 图 3（a—b）所示为欧洲黄脉天蛾的成虫和幼虫。翅边缘为规则齿状，褐色、紫色或黄灰色。前翅中室末端有 1 枚白色短斑纹，翅面有数条不规则形状横向暗色条纹。前翅中部和前后翅后缘区域略微带有暗色。后翅基部有 1 枚红色大斑块，斑块外侧有 1—2 条暗色条纹。翅展 2.5—3.25 英寸（约 6.3—8.3 厘米）。欧洲黄脉天蛾是天蛾科中在欧洲分布最多的蛾类之一，广泛活跃在整个欧洲（极南端和极北端除外）以及亚洲北部和西部。幼虫与栎六点天蛾幼虫极为相似，但体前部更细，颜色更显黄绿色，侧面一般有红褐色斑点。触角绿色，更短，更直。

版 19 图 4（a—b）所示为目天蛾的成虫和幼虫。前翅棕色，后缘呈波浪形，中部和后缘区域暗黑色，翅面有 2 条横向暗黑色斑纹。后翅玫红色，臀角处有 1 枚黑色大圆斑，圆斑中心蓝色。翅展 2.5—3.5 英寸（约 6.3—8.9 厘米）。在欧洲和亚洲北部都很常见。幼虫蓝绿色，体前几节有 1 条白色纵向条纹，后面各节有斜向白条纹，侧边有时具红褐色斑。

霍兰：北美的蝴蝶

作　者

William Jacob Holland

威廉·雅各布·霍兰

书　名

The Butterfly Book: A Popular Guide to A Knowledge of the Butterflies of North America

《蝴蝶之书：北美蝴蝶通俗鉴赏指南》

版本信息

1898, New York: Doubleday & McClure Co.

威廉·雅各布·霍兰

威廉·雅各布·霍兰（1848—1932），著名动物学家，曾担任匹兹堡大学第八任校长（1891—1901）和匹兹堡卡内基博物馆馆长。

霍兰出生在西印度群岛的牙买加，父亲是一名牧师。少年时代在北卡罗来纳州塞伦度过，后来进入宾夕法尼亚州的一家摩拉维亚教会男校学习，后又进入艾姆赫斯特学院和普林斯顿神学院学习。他在艾姆赫斯特学院学习期间，一位来自日本的室友让他对日语产生了兴趣，并学会了这门语言。

1874 年，霍兰搬到宾夕法尼亚州匹兹堡，在奥克兰社区的一所长老会教堂做牧师。同时，他还在宾夕法尼亚州女子学院（今查塔姆大学）担任理事，并教授古代语言。他还活跃于自然科学领域，在美国日蚀探险队担任博物学家，该探险队曾在 1887 年接受美国国家科学院和美国海军委托，探索日本。霍兰在 1879 年结婚，育

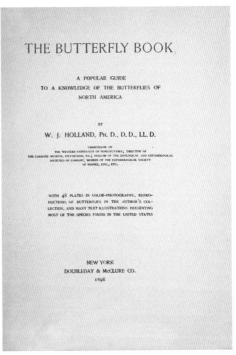

霍兰像　　　　　　　　　　　　　　《蝴蝶之书》扉页

有两个孩子。

　　1891 年，霍兰成为匹兹堡大学校长，并教授解剖学和动物学。他担任校长期间，将学校的规模和授课范围大幅扩大。1901 年，接受朋友安德鲁·卡内基邀请，他开始担任卡内基博物馆馆长，在这个位置上一直干到 1922 年退休。

　　霍兰的主要兴趣在鳞翅类昆虫，他推动了美国 20 世纪上半叶对蝴蝶和蛾的研究和科普。他的《蝴蝶之书》（1898）和《蛾类之书》（1903）如今仍在广泛使用当中。霍兰把自己收藏的超过 25 万件昆虫标本捐给了卡内基博物馆。他给予世界各地的标本采集人以支持，和他们一起把采集工作不断推向尚未进行过采集的地区。

SPRING BUTTERFLIES.

1. Pyrameis Cardui, Linn., ♂ (The Painted Lady); 2. P. Huntera, Fabr., ♂ (Hunter's Butterfly); 3. Grapta Interrogationis, Fabr., ♂ (The Question Sign); 4. Colias Philodice, Godt., ♂; 5. Do., ♀ (The Clouded Sulphur); 6. Vanessa Antiopa, Linn., ♀ (The Mourning Cloak).

《蝴蝶之书》插图：春季蝴蝶

霍兰：北美的蝴蝶

几乎每个知名的博物学家，少年时都有收集昆虫的喜好。

对身体健康的年轻人而言，每个人或早或晚都会表现出对收集某样东西的狂热爱好。至于这是人类想要拥有东西的天性使然，还是因为人生来就知道要欣赏美好和稀奇的事物，抑或这是一种本能，就像园丁鸟、喜鹊和乌鸦一样——它们都具有一个奇特的习惯，那就是把明亮和吸引它们眼球的东西收集和存储起来——我就把这个问题留给学习心理学的人去费神吧。事实就是，几乎每个村子里都会有那么一两个年轻人收集邮票到狂热的地步，几乎每个小镇都会有那么几个地质学、考古学、植物学和动物学方面的爱好者，他们会费尽心力去淘那些让他们欢喜的物件。

人们在少年时代，一个非常普遍的共性追求就是收集昆虫。几乎每个知名的博物学家，少年时都有收集昆虫的喜好。这些生命形式虽然低等，却非常有趣又具有启发意义。在各种昆虫当中，蝴蝶因为其美丽，一直是业余收藏者的最爱。但由于缺乏关于如何正确保存标本方面的教育，更关键的是，没有一本阅读方便、绘图精美的手册可以让标本收集者对自己的藏品进行准确的鉴别和归类，美国和加拿大的收藏者所能达到的不过是满足一时消遣所需。在欧洲，情况却完全不同。近些年，英国、法国和德国陆续出版了大批涵盖面极广、绘图极为精美丰富的科普书籍，向读者介绍不列颠和欧洲大陆的主要昆虫种类。这些国家的年轻人一进入这个领域，就拥有美国年轻人所不具有的良好条件。正是基于这一点，本书诞生了。它的目的是把业余收藏者引领上正确的道路，帮助他们做好知识上的储备，以便让他们把研究兴趣拓展得更宽，拓展到更困难的相关领域去。这本书仅涵盖格兰德河以北美国土地上的物种，另外，它是一本通俗读物，想要了解专业知识的读者，需要求助于其他著作。

如果能够通过这本书，让更多的人对昆虫世界产生兴趣，让更多的年轻博物学家从鸟类身上分一些注意力，让他们不再总是去猎杀那些因为他们的过度关注而濒临灭绝的鸟类，那我想，我也算是为这个国家出了一份力，做了一件事情。

（编译自霍兰《蝴蝶之书》一书前言）

PLATE XXVIII.

Plate XXI.

凤蛱蝶属

成蝶唇须中等长度，鳞片细密，尾端拉长、尖利。触角棒发达。前后翅中室均为开式。前翅亚前缘脉有 5 条支脉，第 1 条脉出自中室端部，第 2 条起始位置稍向外一些，第 3 和第 4 条位置接近，都在顶角处附近。后翅第 3 中脉一直延伸到长尾突顶端。后翅边缘在亚中脉端部与第 1 中脉之间有一处耳垂形外突。翅正面大部分区域暗色，翅反面颜色更亮，具颜色深浅不同的条纹和斑纹带。后翅尾突部分极为显眼，与蛱蝶科其他各属蝴蝶明显不同，反而有点像小型的凤蝶科蝴蝶。

版 21 图 1、2、3 和 4 所示均为凤蛱蝶属蝴蝶，其中图 1 和图 2 为同一物种的雄蝶和雌蝶。

蛱蝶属

成蝶眼裸露，无毛。唇须发达，鳞片密集。触角棒发达，顶端尖利。前翅前缘脉和中脉较粗大。亚前缘脉分 5 条支脉，前 2 条出自中室端部，第 3 条出自中室端部与外缘之间的中间位置，第 4 和第 5 条在第 3 条起始处与外缘之间的中间位置分叉并一直延伸到顶角位置。上侧中室端脉缺失，中间中室端脉向内弯曲，下侧中室端脉模糊，甚至在某些个体上缺失。后翅中室稍微闭合。

蛱蝶属蝴蝶种类众多，在旧世界热带地区繁殖迅速，其中很多物种极为美丽特别。有一种在亚洲和非洲热带地区极为常见的蛱蝶已经来到这片新世界的土地上，有时能在佛罗里达见到，虽然并不常见，它们也许是在奴隶贩卖时期，偶然间被带上运送奴隶的船只，从而从非洲来到了这里。这并非不可能，因为我本人就曾充分利用从洪都拉斯运输来的香蕉上面带有的蝶蛹，培育出极为少见的热带蝴蝶物种。

版 21 图 9 和图 10 便是一种蛱蝶属蝴蝶，其中图 9 为雄蝶，图 10 为雌蝶。

拟斑蛱蝶属

成蝶头部较大；眼较大，裸露，无毛；触角中等长度；唇须短宽，较发达，鳞片密集。前翅近三角形，顶角处较圆，外缘靠后的三分之二部分稍微内凹。前2条亚前缘脉出自中室端部。后翅较圆，边缘带外突。

幼虫以橡树、桦树、柳树和菩提树的树叶为食。卵一般产在树叶的最顶端，幼虫孵化出来之后，首先取食最近处的叶面部分，边进食边把吃过的碎渣用丝固定在叶片的中脉上，使得叶片更稳固，防止叶片在主脉变干之后出现卷曲。它把碎渣建造成一个小口袋，随着它不断向前吃，小口袋也顺着中脉向前移动，直到它完成第2次蜕皮。这时，冬天就要来了，它把中脉两侧的叶片部分去掉，用丝把中脉粘到梗上，把剩余的叶片部分粘到一起，这样就建成了一个管状的密闭空间，正好能够容纳得下它，能够让它安然过冬。

美国有很多拟斑蛱蝶属蝴蝶，它们的习性已经得到仔细研究。这些蝴蝶都很有意思，其中有一些与受保护蝴蝶物种非常像。

版22图1、3、4、5和6都属于拟斑蛱蝶属，其中图4和图5为同一蝴蝶物种的不同形态。

悌蛱蝶属

与拟斑蛱蝶属非常相似，唯一重要的区别是眼部周围有毛，唇须覆盖的鳞片稍少。另外，前足比拟斑蛱蝶属更小。前翅中室端脉稍稍超出第2中脉的起始位置。前翅外缘较少凹陷，后翅臀角附近的边缘相比拟斑蛱蝶属更加圆满。

北美拥有的唯一一种悌蛱蝶属蝴蝶分布在加利福尼亚州南部、亚利桑那州和墨西哥。

版22图2所示便是这唯一一种悌蛱蝶属蝴蝶。

Plate XXII.

荣蛱蝶属

　　成蝶体形较小，一般为黄褐色，后翅后缘处带有眼状斑（有时在前翅外缘处）。前后翅有黑色斑点或斑纹。复眼裸露，无毛。触角直，触角棒短、椭圆形。唇须前伸，第2节多毛，第3节较短、有鳞片。前翅前缘脉较粗。第1亚前缘脉出自中室端部。前后翅中室均为开式。

　　北美的荣蛱蝶属蝴蝶虽有几种，但主要集中在美国西南部地区，有些已经向南扩散到墨西哥。在稍微向北的地区，每年发生两代，第2代幼虫会进行冬眠。

　　版23各图蝴蝶均属于荣蛱蝶属，其中图3、4和11为同一物种（图3和图4分别为雄蝶和雌蝶，图11为雄蝶反面），图1和图2、图5和图6、图7和图8以及图9和图10均分别为同一物种的雄蝶和雌蝶。

Pyrrhanaea（无中文译名，暂译为叶翅蛱蝶属。本属已废除，归入安蛱蝶属*Anaea*）

　　成蝶体形中等。翅正面大部红色或红褐色。翅反面：后翅及前翅前缘脉和顶角附近带模糊斑点，看起来就像褪色的叶片。前翅稍显钩状，后翅外缘在第 3 中脉终止处外突明显。第 1 和第 2 亚前缘脉及与前缘脉汇合。前翅前缘与基部夹角较陡，后缘较直。

　　这一属种类众多，大多为热带种，习性较为特别。初龄幼虫习性与拟斑蛱蝶属幼虫相似，但它们在完成第 3 次蜕皮后，会将树叶边缘编织起来，建成一个小小的巢，以躲避阳光，在昏暗中进食。叶翅蛱蝶属蝴蝶在北部较寒冷地区每年发生两代，在热带地区可能发生很多代。版24 图 1、2 和 3 所示均为这一属的蝴蝶物种。

Ageronia（无中文译名，暂译为白纹蛱蝶属。本属现在学名*Hamadryas*，蛤蟆蛱蝶属）

　　成蝶触角中等长度，较为精致，向顶端逐渐变粗。眼裸露，无毛。唇须扁平，略微前伸，没有细密鳞片覆盖。雄蝶和雌蝶背部特征相似，前缘脉和中脉向基部方向明显变粗。第 1 和第 2 亚前缘脉出自中室端部，第 4 和第 5 亚前缘脉出自第 3 条亚前缘脉在中室端外侧分出的一根横脉。前后翅中室均为闭式。体形中等或较大，翅面具或蓝或白的格子花纹图案，后翅反面有暗色宽斑纹。飞行速度快，据说落在树干上时，头部低下，翅膀打开。飞行时，翅膀会发出响声。

　　严格来说，本属属于新热带区物种。已经有 25 种本属蝴蝶在中南美洲被发现并描绘，其中很多都极为优美，色彩丰富。其中有 2 种在美国，偶尔能在得克萨斯州见到。我有其中一种的标本。版 24 图 4 和图 5 所示即为美国拥有的两个本属蝴蝶物种。

维蛱蝶属

　　成蝶体形较大，翅面灰黑色，有淡绿色斑纹，极为显眼。自反面观，斑纹处显棕色，有光滑的光泽感。前翅第 3 中脉大幅向上弯曲。前后翅中室均为开式。后翅第 3 中脉末端有尾突。前两条亚前缘脉出自中室端部，第 4 和第 5 条出自第 3 条亚前缘脉在中室端外侧分出的一条脉。

　　这一属有 5 个蝴蝶物种，在新世界的热带区域都有分布，但在美国只有 1 种，出现在得克萨斯州西南部和佛罗里达州。在新印度群岛和中美洲极为常见。

　　版 24 图 6 所示即为美国拥有的唯一一个维蛱蝶属蝴蝶物种。

纱眼蝶属

成蝶头部中等大小。复眼不外突，多毛。触角长度为前翅前缘脉长度的一半，触角棒向顶端逐渐变粗，未形成明显棒状。唇须较细，扁平，下侧多毛，最后一节短且尖。前后翅外缘呈规则圆形。

到目前为止，纱眼蝶属只包括 1 个蝴蝶物种。见版 25 图 1。

环眼蝶属

成蝶眼部多毛。前翅前缘脉和中脉在基部附近大幅变粗。唇须较细，扁平，下侧多长毛。触角相对较短，向顶端逐渐变粗。前后翅外缘呈均匀圆形。

见版 25 图 2—8。

珍眼蝶属

体形较小。前缘脉、中脉和亚中脉均较粗。唇须多毛，最后一节较长、前伸。触角较短，柔软，呈明显棒状。眼裸出，无毛。前后翅外缘呈均匀圆形。

这一属的蝴蝶遍布新世界和旧世界的温带地区，北美也有一些物种，其中大多分布在太平洋沿岸地区。

见版 25 图 9—14、21、22、24—27、29—31。其中图 9、10 和 14 为同一种蝴蝶，图 25 和 26 分别是同一种蝴蝶的雌蝶和雄蝶，而图 11 和 12、图 29 和 13、图 30 和 21 以及图 31 和 27 则分别是同一种蝴蝶的正面和反面。

红眼蝶属

体形中等或较小，翅面暗色，翅反面有眼状斑。触角较短，触角棒向上逐渐变粗。复眼裸露，无毛。前后翅外缘呈均匀圆形。

属于耐寒物种，仅见于北方寒冷地区或高海拔山区，虽然也有少数物种在温带气候条件下传播到稍低海拔地区，但仅属个别现象。

版 25 图 17、18、20、23 和 28 展示的都是红眼蝶属蝴蝶。

绦眼蝶属

体形中等。前翅前缘脉和内缘较直，外缘呈均匀圆形。后翅外缘呈均匀圆形，前缘在前缘脉起始位置明显外突或弯曲。头部较小。触角较短，触角棒较细。唇须较细，扁平，下侧多长毛。

北美拥有 2 种绦眼蝶属蝴蝶，见版 25 图 15 和 16。

眼蝶属

体形中等，翅面有眼状斑。翅正面一般为灰色或褐色，有时有黄色斑。翅反面一般有美丽的斑纹和斑点，眼状斑尤其显眼。前缘脉在基部位置较粗，中脉和亚中脉次之。第1和第2亚前缘脉出自中室端部附近。前翅外缘呈均匀圆形，后翅外缘稍显扇形。头部较小。复眼中等大小、裸露、无毛。触角向上逐渐变粗，形成圆棒状。唇须较细，扁平，下侧多长毛。前足极小。

这一属的蝴蝶物种数量庞大，很多具有变种。在我认为属于不同物种的蝴蝶中，有些作者可能会认为它们只是同一物种的不同变种。至于谁对谁错，现在还没有办法弄清楚，只能等到以后进行过更多的繁殖试验和观察之后，才能最终确定。

版26所有蝴蝶均为眼蝶属蝴蝶，其中图1和2、图3和4、图5和6、图7和8、图9和10、图11和12、图14和13以及图15和16均为同一种蝴蝶的雄蝶和雌蝶。

PLATE XXVI.

PLATE XXVII.

酒眼蝶属

　　触角较短。眼中等大小。体正面带突起。唇须较细。前翅顶角处角度较大，外缘呈圆形，后缘稍有弯曲。前翅翅脉向基部方向稍微变粗。后翅较长，椭圆形，外缘呈均匀圆形。翅正面棕色，外缘附近颜色一般比基部更淡，有黑色斑，有时黑色斑中心有白点。翅反面有斑点，有时有颜色更深的宽斑纹带穿过翅面中部。边缘褐色，有白色格子斑纹。

　　酒眼蝶属蝴蝶大多属于耐寒物种，栖息地一般在夏天较短的寒冷地区或高海拔山区，只有极少数物种出现在稍低海拔地区，以及原英属北美殖民地地区和美国与加拿大接壤地区。落基山脉地区已经发现几种酒眼蝶属蝴蝶。现在公认的是，北美地区共有 20 种酒眼蝶属蝴蝶。虽然这些蝴蝶属于北部寒冷地区，W. H. 爱德华先生还是凭借出色的技术和耐心，在取得虫卵之后，在西弗吉尼亚州家里饲养出几个物种。我们要感谢他，他就这些昆虫早期阶段遗传特征提供给我们的知识，比我们在之前整整一个世纪里所积累的还要多。他真正体现了博物学家应该具有的高贵品质，把不变的热情转化为丰硕的成果。

　　版 27 所有蝴蝶均为酒眼蝶属蝴蝶，其中图 1 和图 2 为同一种蝴蝶的雄蝶和雌蝶。

普赖尔：日本的蝴蝶

RHOP. NIHONICA

1A

作　者

Henry James Stovin Pryer

亨利·詹姆斯·斯托温·普赖尔

书　名

Rhopalocera Nihonica: A Description of the Butterflies of Japan

《日本蝶类图谱》

版本信息

1886 , Yokohama: Printed at the Office of the "Japan Mail"

Published by the Author

亨利·詹姆斯·斯托温·普赖尔

亨利·詹姆斯·斯托温·普赖尔，美国鸟类学家协会通信会员，1850 年 6 月 10 日生于伦敦，1888 年 2 月 17 日在日本横滨过世。他曾在 1871 年到过中国，但很快搬去日本定居，从事贸易业，把全部闲暇时间用来收集博物学藏品并研究日本蝴蝶和鸟类。

为了进行鸟类学等研究，普赖尔曾去琉球群岛探索，带回几种很有意思的新标本。他还曾去加里曼丹岛东北的哥曼东洞穴探索，收集到金丝燕标本。他曾有段时间放弃贸易生意，接受日本政府委命，为文部省博物馆负责动物标本采集工作。任职期间，他经常前往日本南部，在日本助手的协助下，采集标本。不过很快，他重拾贸易生意，进行私人标本采集和研究，但仍时常向老雇主提供协助和建议。应该说，日本国立博物馆在动物学研究方面取得的进步，普赖尔起到了重要作用。

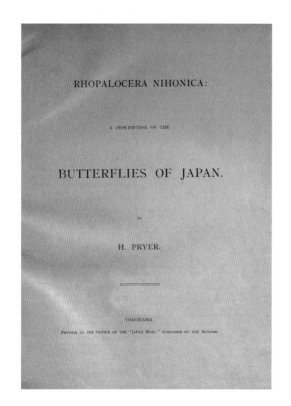

《日本蝶类图谱》扉页

　　普赖尔的朋友描述他虽不强壮，但精瘦结实，受得住劳累和炎热。有日本报纸评价他说，普赖尔先生作为博物学家取得的成就非同凡响，他为人谦虚认真，知识渊博，在探索和研究自然的过程中，一直举止温和，谦逊有礼。

　　为表达对普赖尔在日本动物学界取得的成就的认可，伦敦昆虫学会在 1867 年接受他为会员，伦敦动物学会在 1878 年接受他为通信会员，美国鸟类学家协会在 1883 年接受他为通信会员。他的名字已经与日本昆虫学的发展紧紧联系到了一起。

（编译自鸟类学杂志 *the Auk* 1888 年第 5 期卷 3）

蝴蝶的变异形态比任何其他机体都更加丰富。

　　鳞翅目包括锤角亚目和异角亚目，前者包括所有蝴蝶，后者包括所有蛾类。蝴蝶与蛾类大体可以这样区分：蝴蝶几乎无一例外都是在日间飞行，触角一般为棒状，而蛾类则日间和夜间都飞行，具有简单或栉齿状触角。当然，这并非绝对，也有一些蛾类的触角向顶端方向反而变粗。

　　本书仅专注于蝴蝶，是 16 年来关注和追踪日本各岛蝴蝶物种的成果。

　　对昆虫学家，甚至一般学生来说，日本蝴蝶都是非常有趣的研究对象。在日本，我们能够发现物种变异的直接证据。多种日本蝴蝶在一年中的不同时节，形态完全不同，有时，同一种蝴蝶不同形态间的差异甚至比同一科的不同蝴蝶物种间的差别还要巨大。通过饲养蝴蝶，我已经找到证据证明导致同一种蝴蝶出现不同形态的原因是它们在幼虫阶段所处的环境气温不同。我已经在人工饲养中实现了这一点。我将之称为"气温形态"。各种奇怪的气温形态出现在日本是有原因的，日本一年中气候变化巨大，另外，日本所处的地理位置和构造也是不可小觑的原因。数个世纪以来（现在依然如此），对栖息在这片土地上的物种而言，日本是名副其实要为了生存而斗争的战场。

　　日本的动物区系无疑属于古北界，但也有大量动物来自东洋界。在日本，同一地区可能有来自热带、温带和寒带的物种，而且它们现在仍在通过各种路径涌入日本，而这显然是日本动物具有的另外一个特质的原因，我将之称为"姐妹"种或"孪生"种。这种流动仍在继续，这很明显，因为我们发现有些物种没有表现出任何差异，而有些物种则差异明显，前者通过不断迁移来实现生存环境的稳定，从而确保"血脉"纯正，而差异最明显的物种通常是停留在固定区域时间最久的。蝴蝶的变异形态比任何其他机体都更加丰富，因为从躯体构造和习性的角度看，它们散布区域广，仅仅一年时间内，很多蝴蝶物种便可能已经经历几代。这样，在永不停歇的生存奋争中，它们一直在面对不断变化的生存环境。

（编译自普赖尔《日本蝶类图谱》一书前言）

Pl.1

版 1

图中 1-A 和 1-B 所示为金凤蝶，产地为本州岛和北海道，每年 3 月到夏末可见。

3 月时，蝴蝶刚刚破蛹而出，体形尚小，颜色尚淡，此时是 1-B 所示形态，随着夏季的到来，蝴蝶体形不断变大，颜色不断加深，到 8 月底变为 1-A 所示形态。金凤蝶非常多见，能够破坏整片胡萝卜田地。

图中 2-A 和 2-B 所示为柑橘凤蝶，产地为本州岛，每年 3 月到夏末可见。

与金凤蝶情况类似，2-A 为春季形态，2-B 为夏季形态。金凤蝶以蔬菜为食，柑橘凤蝶则以树叶为食。这两种蝴蝶在幼虫阶段差异极大，甚至比成虫阶段的差异还要大。雌性柑橘凤蝶为多型，一种形态为淡黄色，另一种颜色更暗。

图中 3 号所示为绿带翠凤蝶，产地为横滨、北海道以及本州岛的山区，每年 4 月到夏末可见。

绿带翠凤蝶个体差异很大，有绿色也有蓝紫色，有些后翅面有红色斑，有些则没有。体形大小和特征方面也差别很大，因此描绘起来极为困难。绿带翠凤蝶幼虫阶段与柑橘凤蝶相似，但成虫阶段却差别巨大。

图中 9 号所示为青凤蝶，产地为本州岛，每年 4 月到夏末可见。

青凤蝶在日本数量庞大。幼虫以润楠嫩叶为食，幼虫颜色与润楠嫩叶的颜色极为接近。

图中 10 号所示为虎凤蝶，产地为北海道和岐阜县，每年 6 月和 7 月可见。

这种蝴蝶极为少见，我至今未曾见过保存状况完好的标本。已有标本是年初在高山地区采集到的。

普赖尔：日本的蝴蝶

版 2

图中 1 号所示为美凤蝶，产地为长崎，每年 5 月和夏季可见。

这是日本最大的蝴蝶。我在九州岛以北地区未曾发现过美凤蝶。雌蝶非常显眼，双翅打开时，由于色彩对比效果明显，体形看起来会比实际更大一些。中国有带尾突的美凤蝶形态，但我在日本没有见到过。日本的雌蝶颜色也要比中国的雌蝶更暗。

图中 2 号所示为玉斑凤蝶，产地为长崎和土佐，每年 5 月和夏季可见。

玉斑凤蝶为南方物种，在四国岛以北尚未见过。后翅上的白色大斑极为显眼。玉斑凤蝶飞行速度很快，时常飞回同一地点。雌蝶少见。

图中 3 号为黑缘豆粉蝶，产地为浅间山，每年 7 月可见。

黑缘豆粉蝶分布极广，从冰岛到日本中部都有它的踪迹。它在日本中部的栖息地海拔达到 6000 英尺（约 1800 米）。我在浅间山的汤之平经常看到这种蝴蝶，但它好像只在这一区域周围活动，很少远离，这也许与这里独特的自然环境有关，即土壤多是松软的火山岩烬。

图中 4 - A 和 4 - B 为豆粉蝶，产地为本州岛和北海道，每年 2 月到 11 月可见。

豆粉蝶在横滨是数量最多的蝴蝶物种之一，也是春日里最先出现的蝴蝶。2 月中旬，当白雪仍未化净，它便已经在暖暖的阳光下起舞在河岸旁。豆粉蝶在平原和山区都能见到。

图中 9 - A 和 9 - B 为多型粉蝶，产地为日本中部和南部，每年 3 月到 12 月可见。

多型粉蝶自日本向南直到澳大利亚，向西直到非洲，都有分布，但日本本州岛应该是其分布区域的最北端。

图中 10 号为尖角黄粉蝶，产地为本州岛，每年 3 月到 11 月可见。

尖角黄粉蝶虽然较为常见，但我对其生活史并无了解。说到这里，对博物学家来说，日本是极为有趣的研究地区，拥有无尽的生物种类可以研究。

图中 5、6、7、8 和 11 号均属粉蝶科。

图中 12 到 16 号均为灰蝶科蝴蝶，其中 13 号为小笠原灰蝶，产地为小笠原群岛，每年 3 月可见；14 号为日本昂灰蝶，产地为横滨，每年 9 月到 12 月以及次年 4 月可见。

版 3

图中 1 号为德美凤蝶，产地为本州岛，每年 4 月到夏末可见。

德美凤蝶幼虫阶段与绿带翠凤蝶和柑橘凤蝶相似。雄蝶后翅点缀有椭圆形白绿色斑纹带，隐藏在前翅褶部下方，平时几乎不可见，只有在雄蝶向雌蝶求爱时，才能看到。

图中 2 号为美姝凤蝶，横滨有少量分布，主要产地为本州岛的山区，每年 5 月到夏末可见。

雌蝶难以见到。雄蝶与德美凤蝶一样，后翅点缀有椭圆形白绿色斑纹带，刚刚破蛹出来时，体形很小，我曾捕捉到体形不足图中雌蝶一半大小的雄蝶。我尚未发现美姝凤蝶的幼虫。美姝凤蝶经常停留在百合花上，后翅和尾突经常沾有百合花花粉。

图中 4 - A 和 4 - B 为黄襟粉蝶，产地为横滨和日光，每年 3 月和 4 月可见。

黄襟粉蝶每年只发生一代，没有近似形态。除了知道它在沼泽区域常见以外，我对黄襟粉蝶的生活习性并无其他了解。

图中 6 号为菜粉蝶，产地为整个日本，每年 3 月到 11 月可见。

各形态间大小差异明显。这一日本蝴蝶物种曾被误认为是欧洲粉蝶，但后者并不见于日本。今年，我曾在鹿儿岛湾见到大群菜粉蝶，但未曾在更靠南的地区见过。

图中 7 号为绢粉蝶，产地为北海道，每年夏季可见。

绢粉蝶在北海道极为常见，但我在北海道以南尚未发现其踪迹。

图中 8 - A 和 8 - B 为暗脉菜粉蝶，产地为本州岛和北海道，每年 3 月到 10 月可见。

成虫最早在 3 月出现，此时为 *megamera* 形态，之后逐渐成长，发生变化，发展为 *melete* 形态。

自从多年前开始采集标本，我就发现 *megamera* 形态蝴蝶只在每年的 3 月和 4 月出现，之后便消失了，而其他粉蝶科蝴蝶都在不断成长。我因此打算搞明白幼虫从 4 月到秋季是如何变化的。这很困难，因为首先要搞清楚幼虫的寄主植物，然后还要想办法让雌蝶产卵。在初春季节里，多日观察雌蝶后，我终于发现有一只雌蝶把卵产在毛南芥上。培育之后，我发现蝴蝶从 *megamera* 形态转变成了 *melete* 形态。我对此并未感到奇怪，毕竟金凤蝶就有类似的情况。

图中 3 号和 5 号均为凤蝶科蝴蝶。

版 4

图中 1 号为银灰蝶，产地为塔之泽、土佐、热海以及横滨，每年 9 月可见。

我在横滨只见到过银灰蝶两次，但它在山区较为常见。翅反面与正面完全相反，为闪亮的银白色。雄蝶和雌蝶翅正面差别巨大，前者为铜红色，后者为蓝色。

图中 2 号为黑灰蝶，产地为日光和富士山，每年 6 月和 9 月可见。

图中蝴蝶为雌性，雄蝶翅膀更尖，翅正面为暗紫色。黑灰蝶常见于高地和山区。

图中 3 号蝴蝶为栅黄灰蝶，产地为横滨和东京，每年 5 月和 6 月可见。4 号为黄灰蝶，产地为横滨、日光、北海道以及浅间山，每年 5 月和 6 月可见。5 号为诗灰蝶，产地为横滨、北海道以及浅间山，每年 6 月和 7 月可见。

在日本灰蝶科蝴蝶中，这 3 个物种形成一个独特的群体。它们都是在日落前两个小时到天黑前这段时间最为活跃，雄蝶经常三五成组，在树尖上翩翩飞舞，争奇斗妍。

图中 6 - A 和 6 - B 为金灰蝶，产地为日光、浅间山和北海道，每年 7 月和 8 月可见。7 - A—D 为日本线灰蝶，产地为横滨、浅间山、日光和北海道，每年 5 月到 7 月在平原地区可见，7 月和 8 月在山区可见。8 - A 和 B 为东方线灰蝶，产地为横滨、日光、浅间山和北海道，同样每年 5 月到 7 月在平原地区可见，7 月和 8 月在山区可见。9 - A 和 B 为萨艳灰蝶，产地为北海道。

这 4 个线灰蝶物种形成一个独特的群体，雄蝶颜色均为彩虹绿。东方线蝴蝶和萨艳灰蝶的雌蝶为暗褐色；雌性金灰蝶前翅面上有 1 枚黄褐色斑；日本线蝴蝶的雌蝶具有多种形态，相互间差异较大。雌蝶的颜色与温度相关，越向北走，我们采集到的标本显得更蓝。

图中 21 号为红眼灰蝶，产地为横滨，每年 3 月到 11 月可见。

红眼灰蝶个体间出现的时间不同，大小和颜色也不同。初春时，体形较小，颜色较亮，后翅后缘处一般有 1 排蓝色斑纹。随着气温升高，体形逐渐长大，颜色变暗，最终的体形能达到英国相应物种的两倍。到天气炎热时，雄蝶经常已经变成近黑色。

图中 10—20 号以及 22—25 号均为灰蝶科蝴蝶物种。

版 5

图中 1 - A—C 均为银蓝小灰蝶，产地为富士山、日光和浅间山，每年 8 月可见。

这是日本蝴蝶中根据地域形态发生变化最大的物种，有的形态为蓝色，有的形态为深褐色，还有的形态为蓝绿色。我在浅间山高度上下差别不过几百英尺的范围内，见过这全部 3 种形态，虽然它们之间差别巨大，仔细研究大量标本之后，我还是相信它们属于同一物种。

图中 2 号到 5 号也均为灰蝶科蝴蝶物种。

图中 6 号为大紫蛱蝶，产地为横滨、秩父和大和，每年 7 月到 9 月可见。

这种体形巨大的蝴蝶并不罕见，但要确保没有任何损坏的前提下采集到，并不容易。我经常在一天里见到数十只大紫蛱蝶，却无法采集到哪怕一只。

图中 7 号为红线蛱蝶，产地为北海道。

我的助手于 1882 年在北海道采集到几枚标本，我在其他地区都没有见到过这一蝴蝶种类。

图中 8 号为日本芒蛱蝶，产地为横滨，每年 6 月、8 月和 10 月可见。

日本芒蛱蝶每年发生两代，经常绕着朴树（以朴树树叶为食）等树木盘旋。

图中 9 号为柳紫闪蛱蝶，产地为东京、浅间山和小山，每年 7 月到 9 月可见。

这一美丽的蝴蝶物种在东京较为常见，但在横滨几乎见不到。柳紫闪蛱蝶喜欢盘旋飞舞在高高的柳树顶上，时不时降落到路上潮湿的地方或者落在树叶上。它的蛹与柳树的嫩叶在形状和颜色上都极为相近。

图中 10 号为电蛱蝶，产地为日光、土佐和新潟，每年 6 月到 7 月可见。

电蛱蝶为山地蝴蝶物种，雄蝶较常见。雌蝶极为稀少，体形比雄蝶大。

图中 11、12 和 15 号也均为蛱蝶科蝴蝶。

图中 13 号为朴喙蝶，产地为横滨、日光和北海道，每年 7 月到次年 5 月可见。

朴喙蝶每年发生 1 代。它是所有鳞翅目昆虫中寿命最长的，在 7 月初破蛹而出，一直活到次年 5 月。它出来后会很快进入冬眠，一直到次年 3 月天气变暖，才再次醒来，把卵产到朴树的嫩芽上。

图中 14 号为丝纹蛱蝶，产地为大和和萨摩，每年 8 月可见。

图中 16 号为灰蝶科蝴蝶物种。

普赖尔：日本的蝴蝶

版 6

图中 1 号为小环蛱蝶，产地为横滨、日光和浅间山，每年 6 月和 8 月可见。

小环蛱蝶是数量最庞大的蛱蝶，喜欢在阳光不是特别强烈的地方飞翔。日本的小环蛱蝶翅反面颜色更暗，容易辨认。

图中 2 号为优环蛱蝶，产地为日光、浅间山、富士山和北海道，每年 7 月可见。

数量稀少，我在上述每个产地都只见过单独的 1 只。

图中 3 号为链环蛱蝶，产地为日光、浅间山和富士山，每年 7 月可见。

山区蝴蝶物种，但我今年在横滨地区居然见到单独活动的一只。

图中 4 号为重环蛱蝶，产地为日光、浅间山和新潟，每年 7 月可见。

蛱蝶科中体形最大的物种，在山区常见。

图中 5 号为单环蛱蝶，产地为日光、浅间山和北海道，每年 7 月可见。

绘制图片所用标本采集自北海道，比普通南方标本白色区域更广。

图中 6 - A 和 6 - B 均为突尾红蛱蝶，产地为日光、浅间山和北海道，每年 8 月可见。

个体间在形状、斑纹和翅反面颜色方面差别巨大。我有 21 份标本，却没有任何 2 份是相似的。翅反面颜色有黑有红，各不相同。

图中 8 号为荨麻蛱蝶，产地为北海道。

在北海道较为常见，但在本州岛尚未发现。

图中 10 号为朱蛱蝶，产地为横滨，每年 8 月到次年 4 月可见。

在横滨数量众多。以柳树树叶为食，但更多见与朴树上，经常有大棵朴树的树叶被幼虫吃光。每年只发生一代，成虫冬眠。

图中 11 号为孔雀蛱蝶，产地为北海道、新潟和日光，每年 6 月和 7 月可见。

J. M. 利奇曾总结说这一蝴蝶在日本中部并不常见，主要分布在山区。

图 7 和图 9 也均为蛱蝶科蝴蝶物种。

Pl. 7

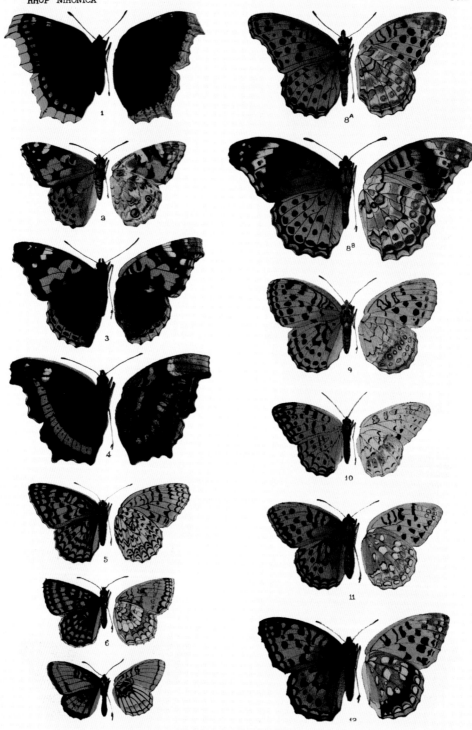

版 7

图中 1 号为黄缘蛱蝶，产地为日光和北海道，每年 8 月到次年 5 月可见。

在日光和北海道常见，山区未见。

图中 2 号为小红蛱蝶，产地为横滨、前桥市和北海道，每年 8 月、9 月和 11 月可见。

在横滨地区少见。

图中 4 号为琉璃蛱蝶，产地为横滨和北海道，每年 8 月可见。

在横滨很常见，个体间在大小和斑纹颜色方面差别较大。

图中 5 号为大网蛱蝶，产地为浅间山，每年 7 月可见。

个体间在大小和颜色方面差别较大。

图中 6 号为小珠边蛱蝶，产地为浅间山，每年 7 月可见。

个体间在大小和颜色方面差别也较大。

图中 7 号为黄网蛱蝶，产地为浅间山，每年 8 月可见。

也许只是小珠边蛱蝶的一个变种，只是差异巨大。网蛱蝶属蝴蝶物种尤其难以理清，需要研究大量标本才能搞明白。

图中 8－A 和 8－B 均为灿豹蛱蝶，产地为横滨、长崎、土佐和八丈，每年 3 月到 7 月可见。

横滨附近少见，但在日本南部较为普遍。

图中 9 号为小豹蛱蝶，产地为日光、浅间山和北海道，每年 7 月可见。

个体间大小和颜色差异较大。在日光和北海道常见。

图中 11 号为银斑豹蛱蝶，产地为富士山和北海道，每年 9 月可见。

较为少见。

图中 12 号为灿福蛱蝶，产地为横滨、富士山、小山、浅间山和北海道等地。

在各地都非常常见。

图 3 和图 10 也均为蛱蝶科蝴蝶物种。

版 8

图中 1－A 和 1－B 均为蟾豹蛱蝶，产地为富士山、小山、浅间山、鹿野山和北海道，每年 8 月可见。

山区数量很多。

图中 2 号为雪豹蛱蝶，产地为横滨和北海道，每年 7 月和 8 月可见。

在横滨非常多见。

图中 3 号为青豹蛱蝶，产地为横滨、浅间山和北海道，每年 7 月可见。

在横滨非常多见。雄蝶和雌蝶颜色差别很大。图中为雄蝶。

图中 4 号为绿豹蛱蝶，产地为小山、浅间山、富士山和北海道，每年 7 月和 8 月可见。

为山区物种，但我曾在横滨采集到一只。

图中 5 号为老豹蛱蝶，产地为横滨和北海道，每年 8 月可见。

在横滨很常见。

图中 6 号为红老豹蛱蝶，产地为横滨、日光和北海道，每年 9 月可见。

与老豹蛱蝶非常接近，看起来有些像是杂交，但苦于没有足够的标本进行研究，无法得出准确的结论。

图中 7 号为昏眼蝶，产地为大和，每年 10 月可见。

非常稀少。我只在大和看到过 2 只，并抓到其中 1 只。

图中 8 号为暮眼蝶，产地为土佐和日光，每年 7 月和 8 月可见。

非常稀少。我只有 1 枚标本，是在四国岛土佐与伊预的交界处捕捉到的。我一共只见过 2 枚暮眼蝶标本。

图中 9 号为大绢斑蝶，产地为横滨、富士山、小山、热海、鹿野山和北海道，每年 5 月、8 月和 9 月可见。

在横滨较为稀少，但我每年都能看到两三只。在山区数量更多，我在吉野附近的大和山顶上，曾经一网就捉到 5 只。

Pl. 9

版 9

图中 1 号为稻眉眼蝶，产地为横滨。

在横滨非常多见，经常活动在昏暗的灌木丛中。

图中 2 号为黑眉眼蝶，产地为横滨。

在横滨也非常多见，活动的区域也与稻眉眼蝶相似，两者斑纹也较相似，且出现的时间也一样。

图中 3 号为矍眼蝶，产地为横滨、浅间山和北海道，每年 8 月可见。

横滨数量最多的蝴蝶之一。我收藏的 2 枚标本翅反面颜色较暗。

图中 5 号为蛇眼蝶，产地为横滨、浅间山和北海道，每年 8 月可见。

在横滨数量众多，大多活动在草丛中。

图中 10 号为西西里黛眼蝶，产地为横滨和浅间山，每年 8 月可见。

在横滨和其他平原地区都极为多见，但在山区很少出现。幼虫应该是以竹叶草为食。

图中 11 号为木斑蝶，产地为横滨、小山、大和、浅间山和北海道，每年 4 月和 8 月可见。

在横滨地区和大和数量很多。山里采集的标本比横滨地区的标本颜色更暗。

图中 12 号为苔娜黛眼蝶，产地为小山、大和、浅间山和北海道，每年 7 月和 8 月可见。

在所有山区都很常见，有可能是西西里黛眼蝶的山区变种。

其余各图均为斑蝶科蝴蝶物种。

版 10

图中 1 号为宁眼蝶，产地为浅间山和北海道，每年 8 月可见。

在北海道较为普遍。

图中 2 号为眼蝶科高山蝴蝶物种。

图中 3 号为爱珍眼蝶，产地为浅间山，每年 7 月和 8 月可见。

高山蝴蝶物种。

图中 4 号为绿弄蝶日本亚种，产地为小山、日光和大和，每年 5 月和 7 月可见。

在上述地区很常见。

图中 6 号为黑弄蝶，产地为横滨和北海道。

在横滨数量众多。我有 1 只变种标本，前翅上的白斑连接到一起，形成"V"形大斑。

图中 7 号为隐纹谷弄蝶，产地为横滨。

在横滨很常见。

图中 8 号为旖弄蝶，产地为横滨和敦贺。

在横滨附近很常见。

图中 11 号为透纹孔弄蝶，产地为横滨、浅间山和北海道，每年 8 月可见。

在横滨附近非常常见。

图中 13‑A 和 13‑B 均为红弄蝶，产地为浅间山、日光、富士山和北海道，每年 8 月可见。

英国昆虫学家亨利·约翰·埃尔威斯认为中国、日本和艾于兰的红弄蝶体形较欧洲红弄蝶更大。

图中 14‑A 和 14‑B 均为弄蝶，产地为浅间山，每年 7 月和 8 月可见。

其余各图均为弄蝶科蝴蝶物种。

图书在版编目(CIP)数据

发现最美的昆虫/(德)梅里安等著;朱艳辉等译.—北京:
商务印书馆.2016(2017.1重印)
(博物之旅)
ISBN 978 - 7 - 100 - 11881 - 1

Ⅰ.①发…　Ⅱ.①梅…②朱…　Ⅲ.①昆虫—普及读物
Ⅳ.①Q96 - 49

中国版本图书馆 CIP 数据核字(2015)第 309429 号

发现最美的昆虫

〔德〕梅里安〔法〕法布尔等　著

朱艳辉等　译

商 务 印 书 馆 出 版
(北京王府井大街 36 号　邮政编码 100710)
商 务 印 书 馆 发 行
北京新华印刷有限公司印刷
ISBN 978 - 7 - 100 - 11881 - 1

2016 年 3 月第 1 版　　　　开本 787×1092　1/16
2017 年 1 月北京第 3 次印刷　印张 19¼
定价 96.00 元